R. H. Leaver

T. R. Thomas

Versuchsauswertung

Darstellung und Auswertung experimenteller Ergebnisse in Naturwissenschaft und Technik

mit 29 Abbildungen

Für Studenten
aller naturwissenschaftlichen
und technischen Fachrichtungen

Vieweg

Titel der englischen Originalausgabe:

Analysis and Presentation of Experimental Results

Published by THE MACMILLAN PRESS LTD
London and Basingstoke 1974

R. H. Leaver und T. R. Thomas sind Dozenten für Maschinenbau
am Teesside Polytechnikum, Großbritannien

Übersetzung: Dr. Reinhard Bertet, Graz

CIP-Kurztitelaufnahme der Deutschen Bibliothek

Leaver, Ralph H.

Versuchsauswertung: Darst. u. Auswertung experimenteller Ergebnisse in Naturwiss. u. Technik; für Studenten aller naturwissenschaftl. u. techn. Fachrichtungen / R. H. Leaver; T. R. Thomas.
– 1. Aufl. – Braunschweig: Vieweg, 1977
Einheitssacht.: Analysis and presentation of experimental results <dt.>
ISBN 3-528-03020-8
NE: Thomas, T. R.:

1977

Satz: Friedr. Vieweg & Sohn, Braunschweig
Druck: fotokop, Darmstadt
Buchbinder: Junghans, Darmstadt
Printed in Germany-West

ISBN 3 528 03020 8

Inhaltsverzeichnis

Vorwort

Die Grundausbildung in den technischen und naturwissenschaftlichen Fächern verlangt vom Studierenden, daß er einen beträchtlichen Teil seiner Zeit im Laboratorium verbringt. Daher ist die experimentelle Methodenlehre ein anerkannter Bestandteil vieler technischer Grundvorlesungen geworden.
Die Autoren dieses Buches waren am Teesside Polytechnikum mehrere Jahre mit einer Einführungsvorlesung in die experimentelle Methodenlehre für Studenten der Fachrichtung Maschinenbau befaßt. Dieser Gegenstand war ursprünglich in den Lehrplan aufgenommen worden, um bei praktischen Kursen und bei selbständiger Forschungsarbeit der Studenten eine bessere Darstellung der experimentellen Ergebnisse zu erreichen. Wir dürfen, ohne unbescheiden zu sein, in dieser Hinsicht einigen Erfolg für uns in Anspruch nehmen.

Anläßlich dieser Vorlesung wurden wir auf das Fehlen einer für den Studenten zugänglichen Anleitung zur Analyse und Darstellung experimenteller Daten aufmerksam. Obwohl viele der Lehrbücher über die Planung und Durchführung von Experimenten von hervorragender Qualität sind, behandeln sie diesen wichtigen Gegenstand meist nur oberflächlich. Die nötige Information wird zwar angeboten, ist aber in Büchern verstreut, die für den Studierenden entweder zu teuer oder zu spezialisiert oder beides sind. Nach unserer Meinung bedurfte es eines Textbuches, das als erstes die wichtigsten und grundlegenden Methoden zur Darstellung und Analyse von Datenmaterial in einer für erstsemestrige Studenten verständlichen Form bereitstellte.
Das vorliegende Buch ist im wesentlichen aus unserer Vorlesung entstanden. Wir haben seinen Umfang bewußt klein gehalten, damit es bequem als jederzeit greifbares Handbuch verwendet werden kann. Aus demselben Grund sind auch alle erforderlichen Tabellen in einem Anhang beigefügt. Die statistischen Tafeln haben wir mit Erlaubnis aus *H. J. Halstead,* An Introduction to Statistical Methods, Macmillan Company of Australia Pty. Ltd. (1960) übernommen. Das Flußdiagramm am Anfang des Buches ist als eine Art Gebrauchsanweisung gedacht.
Wir haben uns in diesem Buch vorwiegend um Methoden bemüht, die auch in allgemeineren Zusammenhängen von Bedeutung sind: viele von ihnen sind statistischer Natur. Wir vertreten die Ansicht, daß man gesicherte Methoden durchaus legitim anwenden kann, ohne daß ein tiefes Verständnis ihrer mathematischen Begründung notwendig wäre. Berufsstatistikern, die im allgemeinen empfindlich über einen möglichen Mißbrauch ihrer Methoden wachen, mag das wie Ketzerei erscheinen. Andererseits lernen die meisten Studenten Statistik in Vorlesungen von Statistikern, und es kann nicht schaden, manche Dinge mehrmals zu hören. Ein unterschiedlicher Zugang kann einen Gegenstand erhellen und gewissen Begriffsbildungen zu mehr Bedeutung verhelfen, wenn deutlich wird, daß sie nutzbringend anwendbar sind. In der Vergangenheit stand einer verbreiteteren Anwendung der Methoden der oft beträchtliche algorithmische Rechenaufwand entgegen, den statistische Verfahren mit sich bringen. Heutzutage sind die meisten Lehrinstitutionen mit irgendeiner Computerhilfe ausgerüstet, so daß die Routinerechnungen viel von ihrem Schrecken verloren haben.

Die in diesem Buch beschriebenen Methoden könnten (möglicherweise mit Ausnahme von Kapitel 8) durchaus schon Schülern der höchsten Oberschulstufen zugemutet werden. In diesem Alter sind die Denkgewohnheiten noch leichter formbar; außerdem würde der Übergang in das geistig anspruchsvollere Milieu der Universitäten und technischen Hochschulen erleichtert.

Es zeigt sich, daß in allen technischen Disziplinen deterministische Methoden von stochastischen verdrängt werden. Die Zeitreihenanalyse in Kapitel 8 haben wir also nicht nur wegen ihrer Bedeutung als experimentelles Hilfsmittel in den Zusammenhang aufgenommen, sondern auch weil wir der Meinung sind, daß die Studenten so früh als möglich eine Denkhaltung entwickeln sollten, die mit wahrscheinlichkeitsmäßigen Schlußweisen arbeitet.

R. H. Leaver
T. R. Thomas

Anmerkung des Übersetzers

Da es nach meiner Meinung eher förderlich als störend ist, wenn die Übersetzung eines wissenschaftlichen Werkes das Entstehungsland der Originalarbeit erkennen läßt, habe ich bei der vorliegenden Übertragung aus dem Englischen weitgehend auf inhaltliche Adaptionen an den deutschen Sprachraum verzichtet. Einige Beispiele aus dem „täglichen Leben", aber auch die Bevorzugung gewisser statistischer Maßzahlen dürften dem fachkundigen Leser dadurch etwas fremd erscheinen. Die Ausführungen der Autoren zu sprachlichen und stilistischen Fragen der Berichterstattung waren nicht in allen Einzelheiten auf die deutsche Sprache anwendbar. Ihre Übertragung machte vor allem in den Abschnitten 2.1.2. über Zeichensetzung und 2.1.3. über die Verwendung von Bindestrichen geringfügige Textänderungen notwendig. Ich habe diese Änderungen stets so vorgenommen, daß sie an Gewicht und Umfang mit der Originalfassung vergleichbar blieben.

R. Bertet

Flußdiagramme zur Fehlerrechnung

Die drei folgenden Diagramme sollen zum wirkungsvollen Gebrauch des Buches als Nachschlagewerk anleiten. Die zu einem vorgelegten Problem passende Fehlerrrechnungsmethode kann so schneller gefunden werden. Die eingeklammerten Zahlen verweisen auf die in Frage kommenden Kapitel.

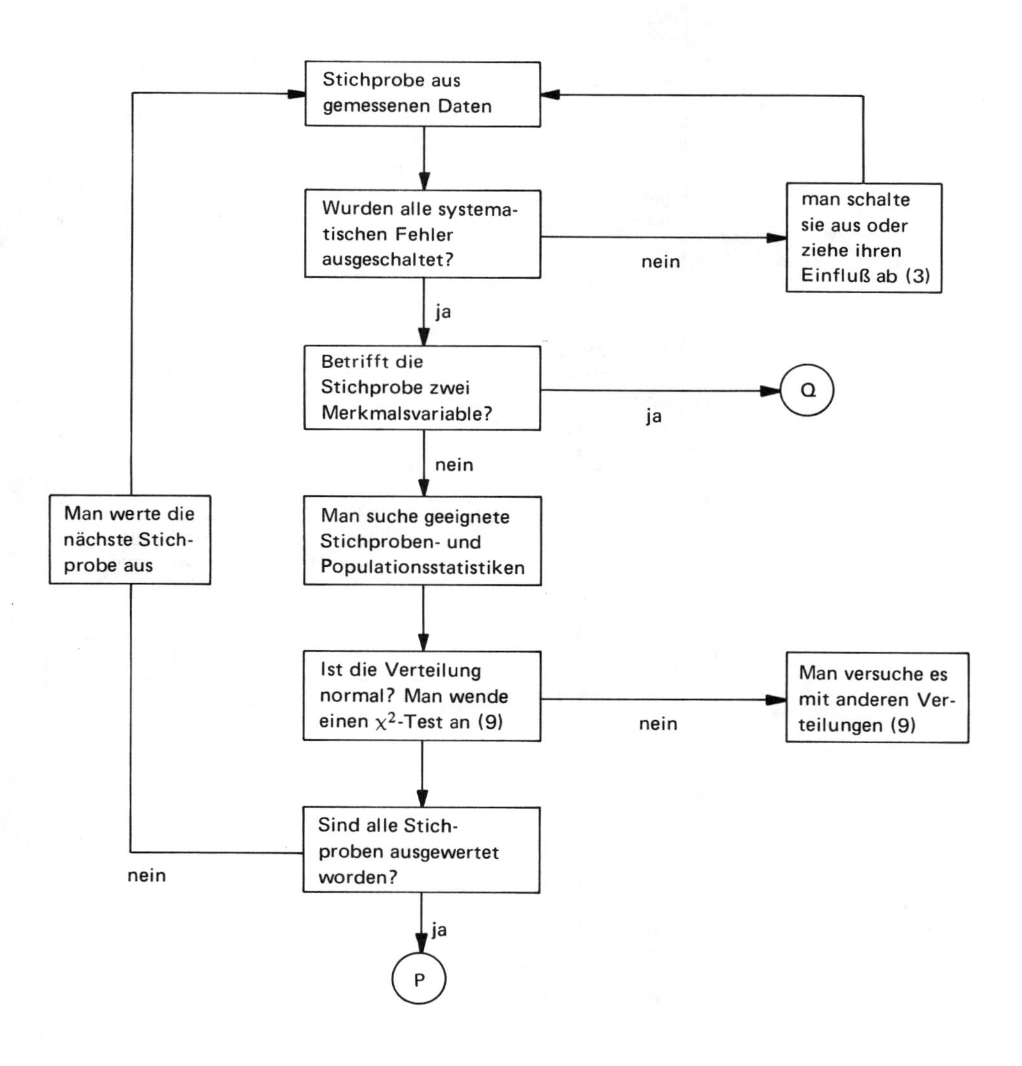

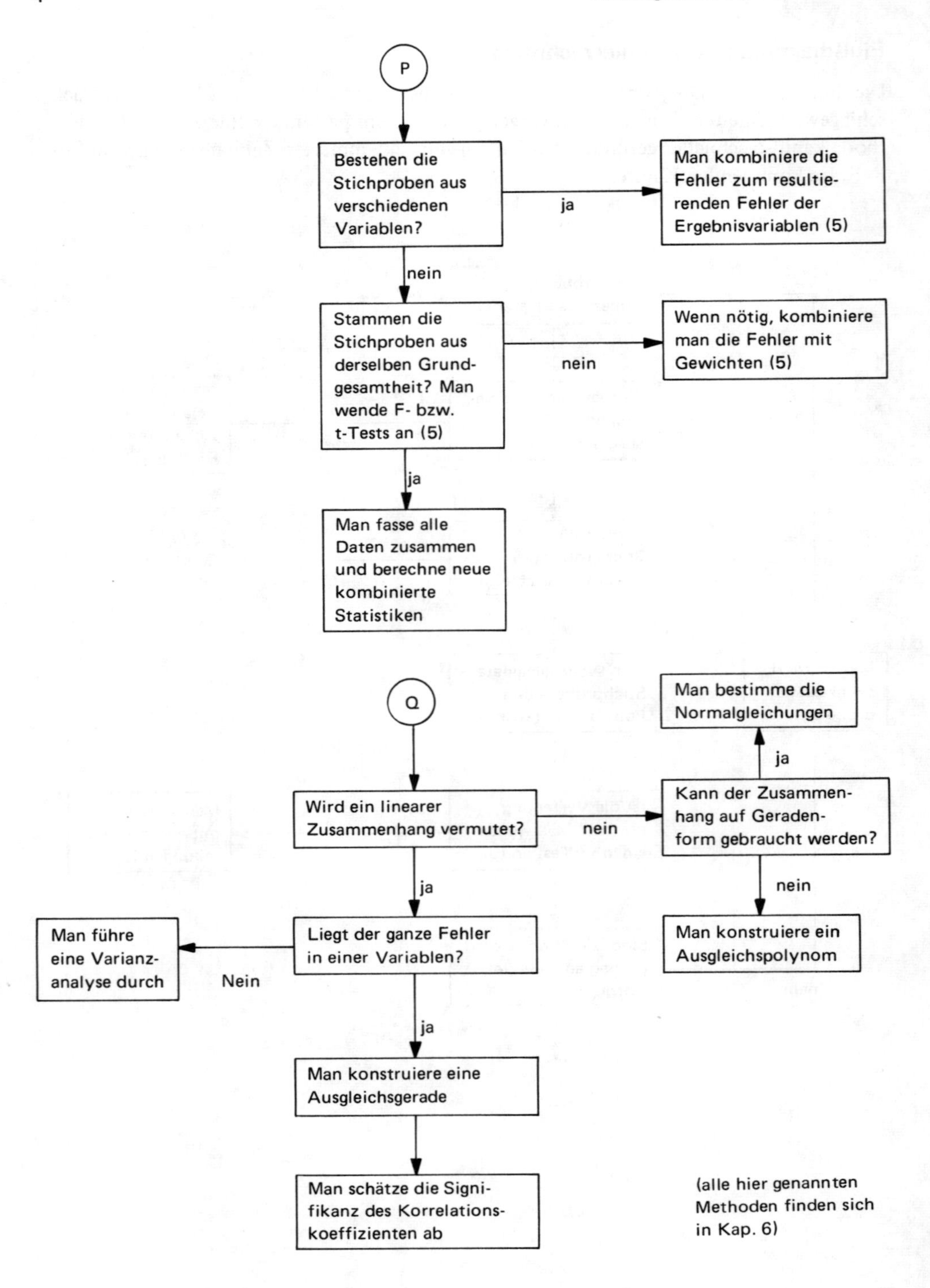
P
Bestehen die Stichproben aus verschiedenen Variablen?
ja
Man kombiniere die Fehler zum resultierenden Fehler der Ergebnisvariablen (5)
nein
Stammen die Stichproben aus derselben Grundgesamtheit? Man wende F- bzw. t-Tests an (5)
nein
Wenn nötig, kombiniere man die Fehler mit Gewichten (5)
ja
Man fasse alle Daten zusammen und berechne neue kombinierte Statistiken
Q
Wird ein linearer Zusammenhang vermutet?
nein
Kann der Zusammenhang auf Geradenform gebracht werden?
ja
Man bestimme die Normalgleichungen
nein
Man konstruiere ein Ausgleichspolynom
ja
Liegt der ganze Fehler in einer Variablen?
Nein
Man führe eine Varianzanalyse durch
ja
Man konstruiere eine Ausgleichsgerade
Man schätze die Signifikanz des Korrelationskoeffizienten ab
(alle hier genannten Methoden finden sich in Kap. 6)

1. Einleitung

Die Ingenieur- und die Naturwissenschaften sind experimentierende Disziplinen. Keine noch so plausible Theorie wird je von Technikern oder Naturwissenschaftlern mit uneingeschränktem Enthusiasmus aufgenommen werden, solange sie nicht im Laboratorium überprüft worden ist. Niemand, der sich über die Entwicklungsgeschichte der Naturwissenschaften Gedanken macht, kann den bedeutenden Beitrag übersehen, den die Experimentalisten seit *Galilei* im siebzehnten Jahrhundert bis zum heutigen Tag an der wissenschaftlichen Entwicklung geleistet haben. Auf jedem naturwissenschaftlichen Gebiet, in der Atomphysik wie in der Nachrichten- oder Raumfahrttechnik, sind Fortschritte nur durch die Zusammenarbeit zwischen dem Theoretiker, dem Experimentator und nicht zu vergessen dem technischen Konstrukteur möglich. Zum Beispiel begannen in der zweiten Hälfte des neunzehnten Jahrhunderts mehrere Physiker unabhängig voneinander mit der Beschreibung elektrischer Entladungsphänomene, die schließlich zur Entdeckung des Elektrons führten und die Physik einen großen Schritt voran brachten. Der Erfolg dieser Experimente hing an der Herstellung hoher Vakua mit der Quecksilber-Pumpe, die ein kleiner deutscher Ingenieur im Jahre 1855 erfunden hatte. Viele der beteiligten Physiker wurden völlig zu Recht mit Ruhm und Ehre überhäuft; den Namen des Ingenieurs *Geißler* verbannte man in obskure Lehrbücher der Vakuumtechnik. Aus der Perspektive eines Jahrhunderts später sehen wir, daß *Geißler* nicht weniger als die anderen für eine große Erweiterung menschlichen Wissens verantwortlich war.

Die hervorragende Bedeutung experimenteller Arbeit kann nicht genug betont werden. Es lohnt sich für jeden, der irgendein naturwissenschaftliches Fach studiert, wenn er sich die Fähigkeit aneignet, mit den modernen Techniken der Variablenmessung und der Verarbeitung und Analyse von Daten umzugehen.

Wir wollen die experimentelle Arbeit in drei breite Bereiche einteilen:

1. Entwurf und Planung
2. Instrumentelle Ausrüstung und Meßverfahren
3. Analyse und Darstellung der Ergebnisse.

In diesem Buch werden wir uns nur mit dem Punkt 3 beschäftigen, was aber keineswegs die Wichtigkeit der übrigen Teile schmälern soll. Schon die Meßtechnik allein ist ein sehr ausgedehntes Gebiet, das oft Spezialwissen und beträchtliche Erfahrung erfordert, wenn der Benutzer einen akzeptablen Standard erreichen will. Auf Einzelheiten wollen wir hier nicht eingehen; den interessierten Leser verweisen wir auf die einschlägige Literatur (man beachte die Literaturhinweise am Ende des Buches).

1.1. Entwurf und Planung

Es kommt sogar bei großangelegten und sorgfältig durchgeführten Versuchen überraschend oft vor, daß Ziel und Zwecke des Experiments nur undeutlich definiert sind. Die Folge sind unnötige Kosten und inferiore Ergebnisse. Erst wenn die Aufgabe eines Versuches klar umrissen ist, sollte man die passende Vorgangsweise planen. Diese hängt natürlich von der Art des Experimentes ab, sollte aber immer wenigstens zwei Grundvoraussetzungen erfüllen: der Versuch ist so gut als möglich von äußeren Einflüssen abzuschirmen und die Meßeinrichtungen sind so zu wählen, daß die gewünschte Genauigkeit erreichbar ist.

Welche Schritte im Planungsstadium notwendig werden könnten, wollen wir an zwei kurzen Beispielen zeigen: Es ist bekannt, daß Präzisionsmessungen mit hoher Auflösung sehr leicht durch die Einwirkung mechanischer Stöße oder Vibrationen vereitelt werden können. Hier erspart man sich viel Zeit und Enttäuschung, wenn man sich früh genug dazu entschließt, die ganze Versuchsanordnung federnd zu lagern, um sie gegen Erschütterungen durch vorbeifahrende Fahrzeuge und gegen andere Störquellen abzuschrimen.

In einer Zeit des zunehmenden Spezialistentums kann ein Experimentator aus Mangel an Zeit oder Kenntnis leicht in Versuchung kommen, sich blind auf die Anzeige einer hochentwickelten Meßelektronik zu verlassen. Dies ist niemals sicher und kann sehr unangenehme Folgen haben. Hier soll nicht der Nutzen hinwegdiskutiert werden, den die Elektronik für die Laboratoriumsarbeit gebracht hat, wir wollen lediglich auf die stetige Wachsamkeit hinweisen, die nötig ist, wenn man sicher sein will, daß die abgelesenen Werte tatsächlich Messungen der Merkmalsvariablen sind. Es gibt ganz einfache und naheliegende Kontrollverfahren, die, vor Beginn des Experimentes durchgeführt, viel Zeit und vergeblichen Aufwand ersparen.

Das Ausschalten des Eingangssignales sollte natürlich auch das Ausgangssignal verschwinden lassen. Ist dies nicht der Fall, so muß etwas getan werden. Setzt man voraus, daß die Apparatur in Ordnung ist, so müssen andere Fehlerquellen gesucht werden. Nicht selten ist eine 50-Hz-Schwingung, die über den Netzanschluß hereinkommt, die Ursache von Schwierigkeiten. Werden mehrere elektronische Einheiten zusammengeschaltet, so ist oft falsche Erdung für unerwünschte Signale verantwortlich. Diese Probleme lassen sich gewöhnlich durch dazwischenschalten eines einfachen Filters oder durch Abänderung des Stromkreises beseitigen.

Dies führt uns zur wichtigen Unterscheidung zwischen systematischen und zufälligen Fehlern. Systematische Fehler gehen auf ein einseitiges Fehlerverhalten entweder eines Instruments oder des Beobachters zurück und können im Prinzip behoben werden. Es ist charakteristisch, daß sie immer dieselbe Größenordnung und dasselbe Vorzeichen haben. Zufällige Fehler resultieren aus einer Vielzahl kleiner zufälliger Ursachen und ändern sowohl ihre Größenordnung als auch ihr Vorzeichen. Sie können nicht beseitigt, sondern nur durch statistische Methoden berücksichtigt werden.

Systematische Fehler zu entdecken kann sehr schwierig sein. Am meisten Sicherheit bietet noch die häufige Überprüfung der instrumentellen Ausrüstung an zuverlässigen Vergleichswerten, aber auch dieses Verfahren ist keineswegs unfehlbar. Doppelte Versuchsanordnungen oder die Anwendung verschiedener unabhängiger Meßmethoden wären zwar höchst wünschenswert aber kaum praktikabel. Oft empfiehlt sich eine sog. Replikationsmethode (das Wort Replikation soll dieses Verfahren von der bloßen Experiment-Wiederholung unterscheiden). Stellen wir uns etwa einen Test vor, bei dem ein bestimmter Wert unter vorher gewählten Versuchsbedingungen abgelesen wird. Wiederholt man die Messung sofort, so wird sie wahrscheinlich dasselbe Ergebnis liefern. Bleibt dieses Resultat auch dann noch unverändert, wenn es einige Zeit später und unter geänderten Versuchsbedingungen abgelesen wird, so dürfte es ziemlich verläßlich sein. Ändert sich das Meßergebnis, so ist ein äußerer Einfluß dafür verantwortlich, der gefunden und ausgeschaltet werden muß. Schon im Stadium der Versuchsplanung kann vieles getan werden, um den Einfluß solcher Störeffekte zu kontrollieren.

Es sollte auch sorgfältig überlegt werden, in welcher Reihenfolge die Meßwerte abzulesen sind. Man kann sich leicht eine Versuchssituation vorstellen, in der ein langsam zu- oder abnehmender äußerer Einfluß unbemerkt bleibt, weil die unabhängige Variable während des Versuchs planmäßig vergrößert oder verkleinert wird. Ändert man die Reihenfolge der Messungen, so wird dieser äußere Einfluß an jeder Stelle des vermessenen Bereiches spürbar und kann daher aufgedeckt und minimiert werden. Daß eine Meßreihenfolge dies leistet, wird in ausreichendem Maße durch die Verwendung von Zufallszahlen gewährleistet. Ist der Versuch allerdings nicht umkehrbar oder wird ein Effekt wie die Hysteresis beobachtet, so ist dieses Verfahren nicht zielführend.

In vergleichenden Experimenten, wo Einflüsse wie experimentelle Erfahrung, Ermüdung, Tages- oder Nachtzeit, immer einen unerwünschten systematischen Fehler erzeugen können, kann man formal randomisierte Block-Pläne verwenden. Man kennt hochentwickelte statistische Methoden, die es gestatten, die Varianz des aus dem Block-Plan resultierenden systematischen Restfehlers zu analysieren. Zu diesem Thema, auf das wir hier nicht eingehen wollen, gibt es ein umfangreiches Schrifttum.

Bei der Planung eines Versuchs sollte man sich frühzeitig über die nötige instrumentelle Ausrüstung Gedanken machen. Gewöhnlich sind mehrere Variablen zu messen. Im Kapitel 5 werden wir zeigen, daß es, wenn die abhängige Variable eine Funktion einer Anzahl gemessener Variablen ist, möglich ist die verschiedenen Meßfehler zu kombinieren und bezüglich ihres Gewichts abzuschätzen. Diese Gewichte werden im allgemeinen nicht gleich sein, so daß es ratsam ist, die empfindlichsten Variablen möglichst sorgfältig zu messen, wogegen für die anderen Merkmale schon ganz grobe Instrumente ihren Zweck erfüllen.

In Fällen mit vielen Variablen sind die Methoden der Dimensionsanalyse hilfreich. Dabei werden geeignete Variablengruppen ausgezeichnet, deren Beziehung untereinander eine prägnante Darstellung erlaubt. Gewöhnlich hat man zwischen verschiedenen alternativen Gruppen zu wählen; hier sollte man sich schon im Stadium der Versuchsplanung entscheiden. Natürlich können alle Gruppen gleichermaßen tauglich sein. Beispielweise kann in einem Versuch zur Ermittlung der Viskositätsreibung an einer Kugel, die durch eine Flüssigkeit bewegt wird, die Reynoldsche Zahl $V\rho d/\mu$ zu jeder der dimensionslosen Gruppen

$$\frac{F}{V^2 \rho d^2} \qquad \frac{F}{V\mu d} \qquad \frac{F\rho}{\mu^2}$$

in Beziehung gesetzt werden. F steht dabei für die Reibungskraft, V für die Geschwindigkeit, d für den Kugeldurchmesser, ρ für die Dichte der Flüssigkeit und μ für die Viskosität. Die Viskosität ist stark temperaturabhängig und deshalb schwer zu kontrollieren; der größte Fehler ist also in der Messung dieser Variablen zu erwarten. So gesehen wäre eine

Aufteilung vernünftig, bei welcher die Viskosität nur in einer Gruppe vorkommt. Von den drei Alternativen wählt man also am besten die erste:

$$\frac{F}{V^2 \rho d^2}.$$

Bei der Auswahl der instrumentellen Ausrüstung ist es wichtig, daß man den Unterschied zwischen der Genauigkeit und der Richtigkeit einer Messung kennt. Nehmen wir an, ein Instrument zur Messung einer Variablen liefere eine Reihe von Werten, deren Mittel genau den wirklichen Variablenwert ergibt. Man wird sagen, die Messung sei richtig, was aber nicht heißen muß, daß das Meßinstrument sehr genau arbeitet. Zu einem bekannten Druck von 100 N/cm^2 liege beispielsweise die Meßreihe 95, 105, 90 und 110 N/cm^2 eines Manometers vor; der Wertdurchschnitt ist 100 N/cm^2 – das richtige Ergebnis. Liest man dagegen die Werte 95, 96, 95 und 94 N/cm^2 ab, so kann man sagen, das Manometer liefere zwar genaue aber sicher nicht die richtigen Meßwerte. Ein genaues Instrument darf immer benutzt werden, wenn es mit zuverlässigen Vergleichswerten geeicht ist; ein ungenaues oder fehlerhaftes Instrument sollte dagegen ausgeschieden oder repariert werden.

Die Hersteller von Meßinstrumenten machen zwar gewöhnlich Angaben über die Genauigkeit ihrer Produkte, ihre Terminologie ist aber keineswegs vereinheitlicht und kann verwirrend sein. So ist etwa die Feststellung, daß ein Instrument über den ganzen Meßbereich auf ± 5 % genau mißt, ohne eine nähere Bestimmung nicht besonders hilfreich. Beziehen sich die 5 % auf den Standardfehler, den wahrscheinlichen Fehler oder auf ein anderes Kriterium? Ist der Standardfehler gemeint, so fallen, wenn die Meßfehler normalverteilt sind, 68 % der Messungen in den angegebenen Bereich (s. Kapitel 4). Aus der Berichterstattung über den Versuch sollte genau hervorgehen, welche Annahmen über die Genauigkeit der Meßinstrumente gemacht werden. Gibt es dazu keine sichere Information und ist man auf Schätzungen angewiesen, so muß dies ebenfalls vermerkt werden. Eine gängige Vermutung ist, daß ein maximaler Meßfehler von plus oder minus der Hälfte der kleinsten Skalenteilung des Instruments auftreten kann. Ein gewisses Maß an Ungenauigkeit darf in Kauf genommen werden, solange die weiter unten beschriebenen statistischen Verfahren noch vernünftig anwendbar sind.

1.2. Analyse und Darstellung von Ergebnissen

In diesem Buch geht es immer wieder um die Anwendung statistischer Methoden. Dies ist unumgänglich, denn die Statistik ist für die Planung und Analyse von Experimenten die bei weitem nützlichste mathematische Disziplin. Fast jeder kennt *Churchills* berühmte Einteilung der Unwahrheiten in "lies, damned lies, and statistics". Dies ist vielleicht etwas übertrieben, aber doch nicht ganz aus der Luft gegriffen. Zweifllos hat verbreitete Unkenntnis der Materie es möglich gemacht, daß statistische Ergebnisse von skrupellosen Leuten für verwerfliche politische oder kommerzielle Zwecke manipuliert und mißinterpretiert werden. Warum ist gerade die Statistik so mißbrauchsanfällig? Dies hängt zweifellos mit dem Verständnis des Begriffes „Beweis" zusammen. Den meisten von uns begegnet dieses Wort zum ersten Mal in der Geometriestunde, wo wir im Euklidischen Sinn „beweisen", daß zwei Dreiecke kongruent sind, um dann hochbefriedigt mit q.e.d. zu unterschreiben. Es kann nicht genug betont werden, daß die Statistik in diesem Sinn nie etwas beweisen möchte und kann. Das Wort „Beweis“ kann nämlich auch anders aufgefaßt werden. In einem Schwurgerichtsverfahren fragt der Richter die Geschworenen, ob sie davon überzeugt sind, daß die Schuld des Angeklagten nach menschlichem Ermessen zweifelsfrei bewiesen ist. Hier hängt der Inhalt des Begriffes „Beweis“ von dem ab, was man unter „nach menschlichem Ermessen zweifelsfrei“ versteht. Es ist eine der Hauptaufgaben der Statistik, das „menschliche Ermessen“ zu quantifizieren.

In diesem Buch werden wir oft eine Hypothese formulieren, um dann mit statitsischen Methoden die Wahrscheinlichkeit zu testen, daß sie nur rein zufällig erfüllt ist. Wenn wir zeigen können, daß dies unwahrscheinlich ist, so neigen wir zwar dazu, die Hypothese anzunehmen, haben aber natürlich nichts bewiesen. Dieser Punkt ist von so grundsätzlicher Wichtigkeit, daß wir das gleiche Problem noch von einer anderen Seite betrachten wollen. Oft stellt sich uns die Frage, ob zwischen zwei Variablen ein Zusammenhang besteht. Nehmen wir an, wir hätten die Ergebnisse eines Versuchs graphisch dargestellt und ein gewisses Maß an Korrelation entdeckt. Es wäre ganz falsch zu behaupten, daß damit in irgendeiner Form ein kausales Gesetz bewiesen sei; dies ist ganz entschieden nicht der Fall. Man könnte sicher ohne weiteres eine Korrelation zwischen den Verkaufsziffern für Damenpelzmäntel und den der Industrie durch Erkältungskrankheiten verlorengegangenen Arbeitstagen nachweisen. Niemand wird aber ernstlich annehmen, daß hier ein ursächlicher Zusammenhang besteht. Wir wissen, daß beide Ziffern zunehmen, wenn sich der Winter nähert und das Wetter ungnädig wird. In weniger klarliegenden Fällen kann man aber nur zu leicht der Selbsttäuschung erliegen, ein kausales Gesetz aufgedeckt zu haben.

Dies alles weist darauf hin, daß die Schwierigkeiten in der Statistik weniger mathematischer als begrifflicher Natur sind. Was an algebraischem Kalkül benötigt wird, geht selten über das Niveau der elementaren Analysis hinaus. Die begrifflichen Probleme sind dagegen weit weniger trivial, und es lohnt sich, wenn wir zu Beginn etwas Zeit opfern, um Ordnung in unsere Vorstellungen zu bringen.

Ein von Studenten vielbenütztes Tafelwerk gibt für $1/\pi$ den numerischen Wert 0,3183 und für den Äquatorialradius der Erde 6378 km an. In der Frage, mit wieviel signifikanten Stellen ein Zahlenwert anzugeben ist, entscheidet man sich üblicherweise für eine Darstellung, bei der die letzte signifikante Ziffer bis auf eine Einheit genau ist. Die obengenannten Zahlen sind also wie $0{,}3183 \pm 0{,}0001$ und 6378 ± 1 zu lesen. Vergleicht man das Verhältnis 1 : 6378 mit 1 : 3183, so entsteht der Eindruck, als kenne man den Erdradius doppelt so genau wie den reziproken Wert von π. Ist das tatsächlich so? Die beiden Größen, deren Erscheinung und Darstellung in den Tafeln so ähnlich ist, sind in Wirklichkeit grundverschieden. π oder $1/\pi$ sind mathematische Konstanten, deren exakte Größen wir in unserem Zahlensystem jedoch nicht ausdrücken können. Trotzdem können wir π bis zu jeder gewünschten Genauigkeit berechnen (was einst ein Zeitvertreib Viktorianischer Landpfarrer war, ist inzwischen mechanisiert worden: ein Computer hat π bis auf 20000 Stellen berechnet).

Dagegen ist der Radius der Erde eine physikalische „Konstante“, d. h. eigentlich keineswegs eine Konstante, sondern das Ergebnis einer Messung. Der numerische Wert dieser Größe hängt von den Einheiten ab, in denen er ausgedrückt wird. Die Genauigkeit, mit der er bekannt ist, ist einzig und allein von der Genauigkeit des Versuchs zu seiner Bestimmung abhängig. Etwas wie den exakten Wert einer physikalischen Konstanten gibt es also nicht.

Die Studenten stellen oft die Frage: „Was ist dann die richtige Antwort auf diesen Versuch?“ Dies ist das unglückliche Resultat einer jahrelangen Ausbildung im Lösen künstlicher Probleme, in denen die Dichte des Wassers immer genau eins, sein Brechungsindex immer genau 4/3 ist u.s.w.

Es ist die erste und wichtigste Aufgabe des Experimentators, den geistigen Ballast eines überholten Determinismus über Bord zu werfen und statt dessen eine illusionslose und weniger anthropozentrische Sicht des Universums zu akzeptieren; es gilt, sich mit einer Wirklichkeit abzufinden, die sich nur experimentell erfahren läßt und die der berühmten Heisenbergschen Unschärferelation unterliegt. Im Prinzip werden wir von keiner einzigen physikalischen Größe jemals den exakten Wert kennen. Es gibt in den Naturwissenschaften keine richtigen, sondern nur schlechtere und bessere Antworten. Die Statistik hilft uns bessere Antworten zu geben und manchmal aus schlechteren Antworten bessere zu gewinnen.

Die wichtigsten begrifflichen Werkzeuge des Experimentalisten sind in diesem Buch beschrieben; sie sind für den Studenten nach der Praktikumstunde ebenso brauchbar, wie für ein großes Forschungsinstitut nach einer zehn Jahre dauernden Datenerhebung. Das ist es, was unter „Einheit der Wissenschaft“ zu verstehen ist.

Mathematiker wählen im allgemeinen einen wahrscheinlichkeitstheoretischen oder spieltheoretischen Zugang zur Statistik. Diese Einführung in den Gegenstand befriedigt zwar logisch am meisten, steht aber hier aus Zeit- und Platzgründen nicht zur Debatte, Wir werden viele der statistischen Fundamentalsätze wie Axiome zu akzeptieren haben und uns in vielen Beweisen hauptsächlich auf physikalische Intuition verlassen. Dies muß nicht unbedingt ein Schaden sein. *Lawrence,* einer der größten Experimentalphysiker seiner Zeit, kannte kaum genug Mathematik, um der Theorie des Zyklotrons folgen zu können – erfand es aber trotzdem.

Obwohl die in diesem Buch beschriebenen analytischen Methoden keineswegs neu sind, werden sie bis jetzt weder von Studenten oder Forschenden voll ausgentzt, noch konnten sie in den naturwissenschaftlichen und technischen Vorlesungen ausreichend Fuß fassen. Das ist verständlich, wenn man bedenkt, welche ernüchternde Plagerei die Handrechnung eines umfangreicheren Datensatzes sein kann. Für solche wiederkehrenden Rechnungen sind jetzt Computer einsetzbar. In jedem Forschungsinstitut sollten für die häufiger verlangten Berechnungen fertige Programme zur Verfügung stehen.

Das zweite Kapitel ist der wichtigen Frage der Berichterstattung gewidmet. Naturwissenschaftler und Techniker werden häufig wegen der schlechten Darstellung ihres Materials kritisiert. Es ist kurios, daß Leute einerseits bereit sind, in ihrer Laboratoriumsarbeit unendliche Mühen auf sich zu nehmen und andererseits mit der Niederschrift ihrer Ergebnisse so wenig Geduld haben. Dies ist ein wichtiges Problem, denn schlechte Berichterstattung führt zu Verwirrung und Mißverständissen, oder noch schlimmer, zu teueren und gefährlichen Fehlern.

Wenn schon die Verständigung zwischen Technikern so schwierig ist, wieviel Sorgen muß man sich dann erst um die Kommunikation zwischen Technikern und Nicht-Technikern machen. Der Laie steht dem Naturwissenschaftler oft ziemlich mißtrauisch gegenüber und sieht in ihm eine fremde und vielleicht auch arrogante Persönlichkeit, mit der er wenig gemeinsam hat. Viel von diesem Mißverhältnis geht auf das Konto des Spezialisten und seiner Unfähigkeit sich mitzuteilen. Es ist schon gesagt worden, daß sich die Beherrschung eines Gebietes an der Fähigkeit messen läßt, es anderen – insbesondere nicht vorgebildeten – Leuten zu erklären. Bezeichnenderweise besaßen und besitzen viele große Wissenschaftler der Vergangenheit und der Gegenwart diese Gabe.

Zum Thema korrekte Berichterstattung und richtiger Gebrauch der Sprache gibt es heute eine umfangreiche Literatur. Viele dieser Bücher sind recht unterhaltend und frei von grammatikalischer Pedanterie geschrieben. In diesem Buch können wir nicht viel mehr tun, als auf das Problem hinzuweisen und enige einfache Anleitungen und Ratschläge zu geben.

Um es als Nachschlagewerk benutzbar zu machen, haben wir dem Buch einen Wegweiser in Form von Flußdiagrammen vorangestellt, der auf die Verarbeitung experimenteller Daten zugeschnitten ist und Querverweise auf die in Frage kommenden Kapitel enthält. Damit hoffen wir dem eiligen Experimentator entgegengekommen zu sein, der nicht die Zeit findet, sich Kapitel für Kapitel voranzuarbeiten, bis er die für ihn interessante Untersuchungsmethode gefunden hat.

2. Berichterstattung

Berichte können, je nach den Umständen, unter denen sie verfaßt wurden, in ihrer Form sehr verschieden sein. Wer an einer Universität oder Hochschule wissenschaftliche Forschung betreibt, wird seine Resultate veröffentlichen, um zu informieren und um vielleicht die Anerkennung von Kollegen zu erhalten, die auf demselben Gebiet arbeiten. Forschungsberichte aus dem Bereich der Industrie finden im allgemeinen eine eher eingeschränkte Verbreitung. In allen Fällen sollte es oberstes Ziel des Verfassers sein, Information in präziser und unzweideutiger Form zu vermitteln.

Der Forschungsbericht steht am Ende der Forschungsarbeit und muß mit genau derselben Sorgfalt und Aufmerksamkeit ausgeführt werden wie die eigentliche experimentelle Arbeit. Oft ist der Bericht die einzige Verbindung zwischen dem Experimentator und dem Leser; jahrelanger gewissenhafter Versuchsarbeit kann die ihr gebührende Beachtung versagt bleiben, wenn die Berichterstattung zu wünschen übrig läßt. Die Qualität der ganzen Arbeit wird immer in starkem Maße nach ihrer Darstellung beurteilt werden. Ein Student fragte einmal den alten *Faraday*, wie er beim Forschen vorgehen solle. Der große Mann sagte nur drei Worte, ehe er sich wieder seinen Studien zuwandte: "Work, finish, publish". Mit dem letzten Wort meinte er, daß die Publikation der Ergebnisse nicht als etwas nachträgliches, sondern als ein wesentlicher Teil der Forschungsarbeit verstanden werden sollte.

Durch die Verfeinerung der instrumentellen Techniken beginnen sich die Kosten der Forschung drastisch zu erhöhen. In einigen höher entwickelten Bereichen der Raumfahrttechnik überschreiten die Aufwendungen die finanzielle Kapazität sogar der größten und reichsten Nationen, so daß gewisse Projekte in Zukunft nur durch eine internationale Zusammenarbeit verwirklicht werden können. Die Frage eines wirksamen Informationsaustausches wird also wichtiger als je.

2.1. Stil und Grammatik

Bevor wir auf die Struktur und Organisation von Forschungsberichten eingehen, wollen wir kurz einige stilistische Probleme aufgreifen, die häufig Ursache von Mißverständnissen sein können.

Jeder Bericht muß logisch und objektiv sein. Es ist üblich und vernünftig, daß über eine experimentelle Arbeit leidenschafftslos und integer referiert wird. Innerhalb dieser Grenzen muß der Autor versuchen, den Leser zu überzeugen und es vermeiden, ihn zu langweilen Dies ist kein leichtes Vorhaben, das nur durch viel Übung und durch das Studium guter Vorbilder gelingen kann. Eine große Belesenheit in technischer und außertechnischer Literatur ist wichtig. Jeder, der daran geht, einen Bericht zu schreiben, sollte ein gutes Konversationslexikon und ein Standardwerk der betreffenden Sprache besitzen.

2.1.1. Tempus und Genus

Früher einmal war es üblich, sich strikt an die Vergangenheitsform zu halten, wahrscheinlich, weil der Bericht meistens erst im Anschluß an die experimentelle Arbeit geschrieben wurde. Auch wurden wegen ihrer Unpersönlichkeit passive Konstruktionen bevorzugt. Objektivität ist zwar wichtig, aber es ist weder notwendig noch wünschenswert, sich solche Einseitigkeit aufzuerlegen. Alle Zeiten dürfen benutzt werden, allerdings mit der nötigen Vorsicht, da unmotivierte Zeitensprünge den Leser verwirren können. Im allgemeinen sollte die Zeit innerhalb eines Paragraphen nicht geändert werden; davon ausgenommen sind Ausführungen über Informationen, die aus dem Bericht selbst stammen. Nehmen wir als Beispiel den Satz „Der Graph zeigte, daß der Druck mit wachsender Temperatur zunahm“. Hier wäre „zunimmt“ anstelle von „zunahm“ eine möglicherweise ungerechtfertigte Verallgemeinerung.

Der Gebrauch des Aktivs wird heute allgemein akzeptiert und erlaubt oft einen besseren Satzbau mit weniger grammatikalischen Fehlern. Ein Verlust an Objektivität braucht damit nicht einherzugehen. Man schreibt besser: „Beim zweiten Versuch zeigte sich eine Zunahme der Turbinentemperatur“.

Obwohl sie nicht zu häufig verwendet werden sollte, ist die erste Person Mehrzahl in einer Aktiv-Konstruktion dazu geeignet, den Leser zu beteiligen. So würden wir etwa schreiben: „Wir sehen, daß die Amplitude der Frequenz proportional ist“. „Wir“ meint den Leser und den Autor. Ein gelegentlicher Wechsel zu solchen Konstruktionen hilft den Leser anzuregen und seine Aufmerksamkeit zu erhalten. Der Gebrauch des persönlichen Fürworts „ich“ ist nicht empfehlenswert. Es sollte nicht heißen „Ich wog sechs Einheiten“, sondern besser „Sechs Einheiten wurden gewogen“.

2.1.2. Gliederung und Zeichensetzung

Jeder Paragraph sollte sich nur mit einem Gegenstand befassen. Das Thema des Paragraphen sollte im ersten Satz vorgestellt und im folgenden entwickelt und qualifiziert werden. Dieser Aufbau bietet dem Leser einen schrittweisen Einstieg.

Satzzeichen erleichtern das Verständnis des Gelesenen. Die üblichen Interpunktionsregeln sollten beachtet werden. Besondere Sorgfalt ist dort notwendig, wo ein Komma zuviel oder zuwenig den Sinn eines ganzen Satzes verändern kann. Mehrere kurze Sätze sind im allgemeinen leichter verständlich als ein kompliziert verschachteltes Satzgebilde.

Statt durch eine Konjunktion können zwei Sätze auch durch ein Semikolon verbunden werden. Eine Aussage kann dadurch gewichtiger wirken. Zum Beispiel „Die Festigkeit des Materials ist erhöht; seine Korrosionsbeständigkeit ist verbessert".

2.1.3. Adjektive und Bindestriche

Das Aneinanderreihen von Substantiven zu einem Ersatzadjektiv hemmt den glatten Informationsfluß und sollte vermieden werden. Anstelle von „Niederdruckturbinenschaufelansatzbelastung" schreibt man besser „Belastung der Schaufelansätze in einer Niederdruck-Turbine". Längere Wortverbindungen, die im technischen Sprachgebrauch oft nicht zu umgehen sind, sollten möglichst durch Bindestriche gegliedert werden: „Rückschlag-Kugelventil". Wichtig ist nur, daß der Bindestrich an der sinngemäß richtigen Stelle steht; die Schreibweise „Rückschlagkugel-Ventil" wäre unverständlich.

2.2. Form eines Berichtes

Ein exaktes Schema, das in allen Fällen zu befolgen wäre, läßt sich nicht festlegen. Dazu hängt die Form der Berichterstattung zu sehr davon ab, mit welchem Gegenstand sie sich befaßt und an wen sie adressiert ist.

Von vorneherein muß zwischen einem Bericht und einer Bestandsaufnahme unterschieden werden. Die genaue Bestandsaufnahme wird im Laboratorium gemacht und enthält alle Meßwerte, Seriennnummern der Instrumente und sonstige wichtigen Daten. Da sie nicht zur Veröffentlichung bestimmt ist, kann die Bestandáufnahme jede Form haben, die dem Experimentator praktisch erscheint. Sie sollte aber auf alle Fälle sauber und verständlich aufgeschrieben sein, damit sie auch zu einem späteren Zeitpunkt als Quelle dienen kann. Das menschliche Gedächtnis ist viel zu wankelmütig, um verläßlich zu sein:

> Wer nicht selbst den Versuch gemacht hat oder wer nicht daran gewöhnt ist, sich selbst bedingungslose Genauigkeit aufzuerlegen wird es kaum für möglich halten, wie weit einen wenige Stunden von einer sicheren Kenntnis und einer genauen Vorstellung entfernen können; wie die Aufeinanderfolge der Dinge unterbrochen, wie nicht zusammengehöriges vermengt wird und wie viele spezifische Merkmale und Unterscheidungsmöglichkeiten verwischt und zu einem undifferenzierten Gesamtbild zusammengefaßt werden. (*Johnson,* Journey to the Western Islands of Scotland.)

Berichte können in ihrer Form sehr unterschiedlich sein, von einer vergleichsweise kurzen Note bis zu einer längeren Arbeit. Allen sind aber gewisse Gestaltungsmerkmale gemeinsam, für die sich allgemeinere Regeln angeben lassen.

Die Bequemlichkeit des Lesers sollte an erster Stelle stehen. Gewöhnlich nimmt man an, daß der Leser dem Autor an Intelligenz, Fachinteresse und Vorbildung vergleichbar ist.

Jeder Bericht sollte so aufgebaut sein, daß er leicht zu lesen ist. Überschriften sind nützlich, da sie den Stoff inhaltlich aufgliedern. Hier ist ein typischer Aufbau, aber keineswegs der einzige mögliche:

Titel
Inhaltsübersicht
Anerkennung fremder Unterstützung
Einführung
Inhaltsverzeichnis
Liste der verwendeten Symbole
Beschreibung der Versuchsanordnung
Durchführung des Versuchs
Ergebnisse
Diskussion der Ergebnisse
Schlußfolgerungen
Empfehlungen
Quellenhinweise
Anhang

Wir wollen diese Punkte der Reihe nach durchgehen:

2.2.1. Titel

Vom ganzen Bericht findet der Titel die weiteste Verbreitung. Ist er nicht vielversprechend genug, so werden sich wohl nur wenige Leser die Arbeit genauer ansehen. Der Titel muß knapp und treffend sein, so daß der Leser schnell entscheiden kann, ob der Bericht für ihn interessant ist. Er sollte es ermöglichen, eine Arbeit richtig zu klassifizieren und einzuordnen. Es ist ein besonderes Titelblatt zu verwenden, das auch den Namen der Universität oder des Forschungsinstituts und eventuell irgendeine Kennummer enthalten sollte. Unter Umständen kann eine Verbreitungsliste beigefügt werden.

2.2.2. Inhaltsübersicht

Der Titel wird in der Inhaltsübersicht erläutert. Sie ist eine Kurzfassung des Berichtes und sollte erst nach dessen Fertigstellung geschrieben werden.

Die Inhaltsübersicht beschreibt in groben Zügen das vorgelegte Problem und die erzielten Ergebnisse und muß in sich geschlossen und auch losgelöst vom eigentlichen Bericht verständlich sein. Man bedenke, daß in vielen *Abstract*-Zeitschriften einzig und allein solche Kurzfassungen abgedruckt werden. Der Übersichtsartikel muß seinen Leser stark genug motivieren, damit dieser sich die – oft nicht geringe – Mühe macht, die Originalarbeit einzusehen. Symbole, die nur in Verbindung mit dem Bericht verständlich sind, sollten in der Inhaltsübersicht nicht aufscheinen. Hier ist auch nicht der Platz, um neues im Bericht noch nicht verarbeitetes Material vorzustellen. Strittige Punkte, die die Inhaltsübersicht in eine Diskussion verwandeln würden, sollten ebenfalls weggelassen werden. Eine präzise und klare Inhaltsübersicht zu geben, gelingt selten auf Anhieb. Man sollte stets mit einem rohen Entwurf beginnen und diesen so lange zurechtstutzen und ausfeilen, bis die ökonomischste Formulierung gefunden ist.

2.2.3. Anerkennung fremder Unterstützung

Hier bedankt sich der Verfasser für wesentliche Unterstützung, die seiner Arbeit zuteil wurde. Es schadet weder ihm noch seinem Werk, wenn er dabei großzügig ist. Dankend zu erwähnen sind Anlagen und Einrichtungen, die zur Verfügung gestellt wurden und jede Art von finanzieller Unterstützung. Fachmännischer Rat, den er in hilfreichen Diskussionen erhalten hat, sollte der Autor keinesfalls vergessen. Es ist ein Gebot der Höflichkeit, Personen, die erwähnt werden sollten, zuvor um ihr Einverständnis zu bitten; sie könnten schließlich aus guten Gründen dagegen sein, mit der Arbeit in Verbindung gebracht zu werden.

2.2.4. Einführung

Nehmen wir an, die Inhaltsübersicht habe den Leser davon überzeugt, daß die Arbeit für ihn von Interesse ist. Er wird dann etwas detailliertere Information verlangen. Diese wird ihm in der Einführung geboten.

Gleich der erste Paragraph sollte die Eigenart des Werkes und den Zugang zum gestellten Problem erläutern. Daran kann sich Hintergrundinformation anschließen, die für das Thema von allgemeinem Wert ist. Gemeint ist etwa ein Rückblick auf frühere Arbeiten oder eine kurze Themengeschichte, die auf das vorliegende Problem führt. Wo man diese Geschichte beginnen läßt, hängt davon ab, wie man das Wissen des Lesers um den Gegenstand einschätzt. Mit Literaturhinweisen sollte nicht gespart werden, da sie dem interessierten Leser den neuesten Stand des Wissens vermitteln können.

2.2.5. Inhaltsverzeichnis

Ein längerer Bericht erfordert im Interesse des Lesers irgendeine Art von Inhaltsverzeichnis. Die Seiten müssen nummeriert sein, und das Werk sollte, um Querverweise zu erleichtern, in Abschnitte oder Kapitel unterteilt werden. Ein Ausschnitt aus dem Inhaltsverzeichnis eines Forschungsberichtes könnte etwa so aussehen:

Kapitel 4
Beschreibung der Versuchsanordnung

1. Abschnitt: Instrumentelle Ausrüstung	Seite
4.1. Temperaturmessung	20
4.2. Geschwindigkeitsmessung	25
4.3. Messung des Reibungs-Drehmoments	29

Kürzere Berichte, die sofort zu übersehen sind, sind hier natürlich weniger problematisch

2.2.6. Liste der verwendeten Symbole

Es kann vollkommen ausreichen, Symbole bei ihrem ersten Aufscheinen im Text zu erklären. Man könnte z. B. sagen: „Das Verhältnis des Scheibenvolumens V zum Scheibendurchmesser d ist durch

$$\frac{V}{d} = \frac{\pi t d}{4}$$

gegeben, wo t die Dicke bezeichnet."

Ist die Arbeit allerdings sehr mathematisch und erfordert eine Vielzahl von Symbolen, so ist die Erklärung in Form einer Symbolliste vorzuziehen. Man sollte sich so weit als möglich an Standardbezeichnungen halten.

Längliche mathematische Ausdrücke sind schwer zu setzen und verursachen hohe Druckkosten. Noch unangenehmer ist, daß sie das Verständnis des Zusammenhangs erschweren. Ein immer wiederkehrender Ausdruck sollte also durch ein geeignetes Symbol ersetzt werden. So könnte man etwa

$$\phi(z) = \sin(z^2 + 1) - \cos^3 z$$

setzen, um später anstelle des ganzen Ausdrucks nur die Funktion $\phi(z)$ der Variablen z verwenden zu müssen.

2.2.7. Beschreibung der Versuchsanordnung

Allgemein verwendete Standardgeräte brauchen nicht in alle Einzelheiten beschrieben werden. Lediglich der Einsatz unkonventioneller Mittel sollte begründet und erklärt werden. Am Anfang steht gewöhnlich eine allgemeinere Beschreibung; nachfolgende Paragraphen beschäftigen sich mit verschiedenen Einzelheiten wie Genauigkeit und Präzision der Meßinstrumente und Eichungsfragen.

Es ist durchaus möglich, daß die erste Versuchsanordnung nicht ganz zufriedenstellend war und, bevor sie verläßlich funktionierte, erst modifiziert werden mußte. Jeder Leser, der auf demselben Gebiet arbeitet, wird es schätzen, wenn er über derartige Entwicklungen informiert wird. So kann er einer ähnlichen Falle aus dem Weg gehen und eine Menge Zeit sparen.

Ein spezielles Beispiel soll zeigen, auf welche Art von Information es wirklich ankommt: Auf einer Kugellager-Testvorrichtung wurde eine handelsübliche Schleifringeinheit, bestehend aus Silberringen und Silber-Graphit-Bürsten, dazu benützt, Spannungssignale bis zu 10 mV bei sehr geringen Stromstärken zu übertragen. Diese Anordung erwies sich bei Umdrehungsgeschwindigkeiten über 1000 U/min als unzureichend. Schließlich stellte man fest, daß die thermischen Spannungen an den Schleifring-Kontakten von derselben Größenordnung waren wie die Signale selbst. Daraufhin kühlte man die Kontakte mit Luftdrüsen und erhielt von da an zuverlässige Meßergebnisse. Praktische Hinweise dieser Art, die nicht so leicht zu bekommen sind, machen einen Bericht wertvoller und interessanter.

Ein Diagramm oder eine Skizze der Versuchsapparatur ist in vielen Fällen einer ermüdenden Beschreibung vorzuziehen. Diagramme müssen einfach und klar bezeichnet sein. Konstruktionszeichnungen sind in der Regel viel zu detailliert, um leicht verständlich zu sein.

Flüssigkeitsströmungen oder elektrische und elektronische Stromkreise müssen mit den Standardsymbolen gekennzeichnet werden.

Photographien sind selten erforderlich; sie dienen höchstens dazu, Maßstäbe in Beziehung zu setzen oder die Größe einer Apparatur zu illustrieren.

2.2.8. Durchführung des Versuchs

Die Ausführungen darüber werden gewöhnlich in der Vergangenheitsform geschrieben und sollten so knapp wie möglich gehalten sein. Auf den Umgang mit herkömmlichen Geräten braucht wieder nicht eingegangen zu werden, nur unkonventionelle Techniken verdienen eine genauere Beschreibung. Es ist nicht nötig, jeden einzelnen Schritt in Kochbuchmanier festzuhalten oder in den Stil eines Operator-Manuals zu verfallen. Viel wichtiger ist die Reihenfolge und die eventuelle Wiederholung von Messungen. Festzuhalten sind auch alle ungewöhnlichen äußeren Umstände, die die Ergebnisse irgenwie hätten beeinflussen können. Manchmal können auch Einlauf-Vorgänge und Abkling-Zeiten von Bedeutung sein.

Die Planung des Experimentes sollte besprochen werden. Möglicherweise bestimmt die Wahl von Variablen oder dimensionslosen Gruppen den Genauigkeitsgrad, der von der Versuchsapparatur gefordert wird. Von Interesse sind alle Schritte – allgemeine Vorsichtsmaßregeln und spezielle Planung – die unternommen wurden, um Fehler möglichst klein zu halten.

Insgesamt sollten die Angaben über die Durchführung des Versuches so ausführlich sein, daß der Leser, wenn er will, das Experiment wiederholen kann.

2.2.9. Ergebnisse

Da sich dieses Buch fast ausschließlich mit der Verarbeitung und Darstellung von Versuchsergebnissen befaßt, wollen wir hier nur einige allgemeine Bemerkungen machen.

Die Versuchsergebnisse sollten, wo möglich, graphisch oder in Tabellenform dargestellt werden. Rohe Versuchsdaten und bereits verarbeitetes Zahlenmaterial müssen auseinandergehalten werden. Wie schon gesagt, sollten die direkt abgelesenen Meßwerte in der Bestandsaufnahme des Experimentators festgehalten werden, um später zur Verfügung zu stehen; im Bericht selbst werden sie in der Regel nicht gebraucht.

Rechnungen müssen nur dann ausgeführt werden, wenn sie methodisch neu sind; aber auch hier genügt ein Beispiel als Anhang. Wenn der Bericht nicht gerade ein spezielles Computerproblem betrifft, sollte er keinen umfangreichen Computerausdruck enthalten; die wesentliche Information des Ausdrucks wird herausgezogen und am besten graphisch oder in Tabellenform dargestellt.

2.2.10. Diskussion der Ergebnisse

Dieser und der mit „Schlußfolgerungen“ überschriebene Abschnitt sind vielleicht die wichtigsten Teile des Berichts. Hier werden die Ergebisse für den Leser interpretiert. Sie werden mit den Resultaten anderer Forscher verglichen oder zu einer bestehenden Theorie in Beziehung gesezt. Die Ergebnisse sollten vollständig ausdiskutiert werden, wobei aber alle Behauptungen zu beweisen sind.

Treten bei einem Vergleich zwischen Theorie und Praxis irgendwelche Unstimmigkeiten auf, so müssen sie angesprochen und erklärt werden. Oft sind gerade die Abweichungen von den erwarteten Werten die aufschlußreichsten Ergebnisse, die das Verständnis eines Problems fördern.

Ein interessantes Beispiel dazu geht auf *Bennett* und *Higginson* [1] zurück. Auf der Suche nach einer Erklärung für die extrem niedrigen Reibungskoeffizienten in gesunden menschlichen Gelenken (Größenordnung 0,002) bauten *Bennett* und *Higginson* ein sehr einfaches Modell, bestehend aus einer glatten sich drehenden Walze und einer stationären mit einer weichen Polyäthylenschicht überzogenen Stahlplatte. Die beiden Teile wurden aufeinandergedrückt und aus Düsen mit einem Schmiermittel besprüht.

Man erwartete niedere Reibungskoeffizienten auch bei sehr geringen Gleitgeschwindigkeiten und war sehr überrascht, als diese nicht auftraten. Erst als man Walze und Platte vollständig in das Schmiermittel eintauchte, wurden die niedrigen Reibungskoeffizienten erreicht. Die unerwartet höheren Werte bei Düsenschmierung waren aber für sich allein interessant. Man fand heraus, daß sie auf ein Abreißen des Schmierfilms an der Kontaktstelle zurückzuführen waren. In diesem Fall ist praktisch die ganze Reibung der Scherbeanspruchung in der Hertzschen Zone zuzuschreiben. Das Thema „abreißender Schmierfilm" hat seither beträchtliche Bedeutung erlangt.

Es ist eines der wichtigsten Anliegen dieses Buches, dem Experimentator Mut zu machen, die Güte seiner Ergebnisse in der klaren und unzweideutigen Sprache der Mathematik zu beschreiben. Gemeint ist etwa die Angabe von Konfidenzgrenzen, von Korrelationskoeffizienten oder von zahlenmäßigen Ausdrücken für die Güte einer Anpassung. Daraus folgt, daß vage und unquantifizierbare Phrasen wie „die erhaltenen Werte waren *ziemlich, ganz* oder *annehmbar gut*" strikt abzulehnen sind. Dies gilt auch für bedeutungslose Feststellungen wie „die Länge wurde *genau* oder *roh* gemessen", oder etwa „die Beziehung war *nahezu* linear".

2.2.11. Schlußfolgerungen

Dieser Abschnitt faßt die Diskussion zusammen. Er sollte wie die Inhaltsübersicht in sich geschlossen und auch losgelöst vom übrigen Bericht verständlich sein. Ebenso sollte er keine neuen Gedanken enthalten, die im Bericht noch nicht aufgegriffen wurden. Die Schlußfolgerungen schließen, wie ihr Name sagt, den eigentlichen Bericht ab.

In vielen Fällen kann eine Arbeit tatsächlich unfertig bleiben, wenn nicht irgendeine Art von Schlußfolgerung erreicht wurde. Diese Frage sollte aber mit gesundem Menschenverstand beurteilt werden. Wird der Student in dieser Hinsicht zu sehr unter Druck gesetzt, so könnte er sich verpflichtet fühlen, irgendetwas zu schreiben, selbst wenn es den Ergebnissen und der Diskussion wenig oder gar nichts hinzuzufügen gibt. Zu einem Experiment, das nur aus der Messung einer einzigen Größe besteht, ist über die Angabe von Fehler-Konfidenzgrenzen hinaus eben nichts zu sagen.

2.2.12. Empfehlungen

Die Form der Empfehlungen hängt von den jeweiligen Umständen ab. War es Zweck der Versuchsarbeit, irgendein technisches Problem zu lösen, so könnte der Bericht empfehlen, irgendein Teil umzukonstruieren. Solche Schritte müssen sehr ernsthaft erwogen werden, da sie kostspielig sind und oft auch Konsequenzen für die öffentliche Sicherheit haben. Automobilhersteller sehen sich z. B. nicht selten vor die Entscheidung gestellt, ob sie unter hohen Kosten und möglichem Prestigeverlust für das Werk eine bereits ausgelieferte Modellserie zurückrufen sollen. Diesbezügliche Empfehlungen müssen natürlich mit großem Verantwortungsbewußtsein gegeben werden.

Im Bereich der akademischen Forschung ist die Frage der Empfehlungen weniger dramatisch. Eine bestimmte Forschungsarbeit kann, wie wir gesehen haben, andere interessante Probleme aufwerfen, die das vorliegende Projekt zwar nicht unmittelbar betreffen, aber wert sind, an anderer Stelle untersucht zu werden. Anregungen für vielsprechende neue oder weiterführende Arbeit sind immer am Platze. Forschungsarbeit zieht immer neue Forschungsarbeit nach sich, auf diese Weise erweitern wir in meist sehr kleinen Schritten unser Wissen.

2.2.13. Quellenhinweise

Alle Arbeiten anderer Autoren, die in irgendeiner Form berücksichtigt wurden, müssen aufgezählt werden. Die geschieht nicht nur aus Gründen der Glaubhaftigkeit, sondern damit sich der Leser am Original über weitere Details informieren kann. Handelt es sich um veröffentlichte Arbeiten, so muß der Quellenhinweis folgende Punkte enthalten:

1. Name und Initialen des Autors
2. Titel des Buches oder der Arbeit
2. Titel der Zeitschrift oder Herausgeber des Buches
4. Nummer des Bandes oder Teiles
5. Jahr der Veröffentlichung
6. Seitenzahl

Zwei Zitierweisen haben sich allgemein durchgesetzt. Bei der ersten wird der Name des Autors im Text zusammen mit einer Referenznummer genannt. Dabei wird vom Anfang des Berichtes aus durchnumeriert. In einer Arbeit über Düsenlärm würde also stehen: „*Williams, Ali* und *Anderson* [2] haben gezeigt, daß ein realistischer Wert der koaxialen Düsenlärmdämpfung in der Größenordnung von 12 bis 15 dB liegt." Der zugehörigen Quellenhinweis wäre

[2] *T. J. Williams, M. R. Ali* und *J. S. Anderson,* J. Mech. Eng. Sci., Vol. **11** (No. 2), 1969, 133–42.

Wird dieselbe Arbeit noch einmal erwähnt, so brauchen nicht alle Namen wiederholt zu werden; es genügt „*Williams* et al.".

Die zweite Zitierweise nennt den Namen des Autors zusammen mit dem Veröffentlichungsjahr. Die Quellenhinweise sind dann alphabetisch zu ordnen. Für unser Beispiel hieße das: „Nach *Williams, Ali* und *Anderson* (1969) liegt ein realistischer Wert der koaxialen Düsenlärmdämpfung zwischen 12 und 15 dB." Der Quellenhinweis würde wie oben lauten, nur wäre er alphabetisch eingeordnet. Diese zweite Methode hat den Vorteil, daß ein Autor, der in seinem fast fertigen Bericht nachträglich ein Zitat einfügen will, nur die Referenzliste ändern muß. Bei der ersten Methode würden sich dagegen alle Referenznummern nach dem neuen Zitat um eins erhöhen.

2.2.14. Anhang

Der Anhang soll Informationen enthalten, die zwar für den Gegenstand wichtig und für den Leser nützlich sind, die aber, wenn sie im Hauptteil des Berichtes präsentiert würden, die zusammenhängende Darstellung des Materials unterbrechen würden.

In den Anhang gehören z. B. mathematische Beweise oder Methoden, Berechnungen von Stichprobenparametern, Computerprogramme oder Flußdiagramme.

Es könnte auch sein, daß vor Erscheinen der Arbeit schon wieder neues Material vorliegt. Hier wird man nicht den ganzen Bericht umschreiben, sondern die neuen Ergebnisse als Anhang beifügen. Mehrere Anhänge verschiedenen Inhaltes sollten durch Überschriften wie Anhang A, Anhang B, usw. unterschieden werden.

2.3. Beispiele guter und schlechter Berichterstattung

Das in den vorigen Abschnitten Gesagte läßt sich wohl am besten an einem Beispiel verdeutlichen. Um die „gute" und „schlechte" Berichterstattung über einen (völlig frei erfundenen) Versuch besser vergleichen zu können, haben wir eine Paralleltextform gewählt. Auf die augenfälligeren Fehler in der „schlechten" Fassung wird in Fußnoten hingewiesen, die meisten Verbesserungen der „guten" Version sprechen aber für sich selbst

Vermessung eines Kupferzylinders[1]

Zusammenfassung

Es wurden Messungen eines Kupferzylinders vorgenommen. Nicht alle brachten dasselbe Ergebnis[2]. Es kamen zwei Theorien in Betracht, aber die Versuchsergebnisse stimmen nur mit einer von ihnen überein.

Nachweis von Abmessungsabweichungen bei einem auf einer Hochgeschwindigkeitsdrehbank hergestellten Kupferzylinder

Zusammenfassung

Messungen eines mit hoher Umdrehungsgeschwindigkeit gedrehten weichen Kupferzylinders zeigten eines signifikante Durchmesserabnahme im Zylinderzentrum, deren Größenordnung sich mit einer bereits bekannten Zentrifugalkraft-Theorie erklären ließ. Härtmessungen an den Zylinderenden zeigten keine Abweichungen, die eine alternative Härtungstheorie nahegelegt hätten.

[1] Der Titel ist nicht spezifisch genug. [2] Nicht sehr informative Feststellung.

1. Einführung

Viele Leute haben schon Versuche mit gedrehten Kupferzylindern gemacht.[1] Erstwhile (1968) hat darüber ein Buch geschrieben. Glaswegian[2] vertritt die Theorie, daß sich die Kupferzylinder von selbst verengen. Er behauptet[3], daß sie sich durch die Zentrifugalkraft verformten, wenn sie aus reinem Kupfer wären. Aber Brown und andere Leute sahen sich einige zufällig ausgewählte Zylinder an und konnten beim besten Willen keine Wirkung der Zentrifugalkraft beobachten[4]. Sie stellten schließlich die Theorie auf, daß an einem Ende ein Härtungsvorgang stattfindet, der sie[5] schwächt. Für diesen Bericht stellte ich[6] einen sehr sorgfältig gearbeiteten Zylinder her, den ich vermaß, um eventuell etwas Auffälliges beobachten zu können und um, wenn dies der Fall war, entscheiden zu können, welche Theorie die bessere ist.

1. Einführung

In den letzten Jahren ist viel über die Herstellung weicher Kupferzylinder auf Drehbänken mit hoher Umdrehungsgeschwindigkeit diskutiert worden (Erstwhile, 1968). Glaswegian (1971) vertrat die Ansicht, daß solche Zylinder in ihren Dimensionen von Natur aus unstabil seien, da ihre Oberflächen durch die Wirkung der Zentrifugalkraft geschwächt würden. Brown u. a. (1972) konnten aber bei einer zufällig gewählten Stichprobe von Zylindern keinerlei sichtbare Wirkung der Zentrifugalkraft feststellen. Sie führten den theoretischen Nachweis, daß der beobachtete Effekt unter gewissen Umständen auf einen Härtungsvorgang zurückzuführen sein könnte. Die vorliegende Arbeit versucht durch die Vermessung eines unter kontrollierten Bedingungen hergestellten Testzylinders die beiden Theorien gegeneinander abzuwägen.

[1] Schlechter Satzbau. [2] Undatiertes Zitat. [3] Tempuswechsel. [4] Umgangssprachliche Formulierung. [5] Kein klarer Bezug des Personalpronomens. [6] Gebrauch der ersten Person Singular.

2. Der Versuch

Ich stellte[1] den Testzylinder her, indem ich von einer Stange sehr reinen[2] Kupfers ein Stück abschnitt und dieses auf der Drehbank weiter bearbeitete[3]. Das Schneidewerkzeug wurde nach jeweils 10000 Umdrehungen ausgewechselt und zur Kühlung wurde, wie von Erstwhile empfohlen, schwerentflammbares Kerosin verwendet[4]. Nach der Bearbeitung wurde der Testzylinder in eine vorbereitete Plastikhülle verpackt und alles unternommen, um Sonnenlicht und Zugluft von ihm fernzuhalten[4]. Dazu wurden eigens hergestellte Jalousien verwendet[4]. In diesem Zustand wurde der Zylinder für 28,015 Tage belassen[4]. Dann wurden Messungen vorgenommen, und zwar wurde der Durchmesser an sechs verschiedenen Stellen in acht verschiedenen Höhen gemessen[2]; darauf nahmen wir an acht verschiedenen Stellen Härtemessungen vor[2].

2. Der Versuch

Der Testzylinder wurde unter den üblichen Vorsichtsmaßregeln (Erstwhile, *ibid.*, S. 74) aus einem Stück der Länge 25 cm auf einen Nenndurchmesser von 2,8 cm gedreht. Das verwendete Material war sauerstofffreies hochleitfähiges (OFHC) Kupfer. Nach der Bearbeitung wurde der Zylinder für etwa einen Monat in einer kontrollierten Umgebung belassen. Dann wurden folgende Messungen vorgenommen: An den Zylinderenden wurde der Durchmesser in zwei rechtwinklig zueinander gelegenen, in der Zylindermitte in vier je 45° auseinanderliegenden Richtungen gemessen. Dazu wurde ein optischer Komparator benützt. Mit einem Vickers-Pyramiden-Indentor wurde an jedem Ende an vier äquidistanten Stellen der Peripherie eine Härtemessung vorgenommen.

[1] Falsche Person; die unpersönliche Passiv-Konstruktion ist vorzuziehen. [2] Zu ungenaue Beschreibung. [3] Die Zylinderabmessungen sind nicht angegeben. [4] Zu detaillierte Ausführung.

3. Ergebnisse und Diskussion

Der Testzylinder war am Boden und an der Spitze ungefähr gleich dick, um die Mitte jedoch etwas enger. Tab. 1. zeigt die Durchmesserabnahme. Der Durchmesserschwund war zu groß, um zufällig zu sein[1]. Er war ungefähr von der Größenordnung, die ich vorausgesagt hatte.

Die Härte schien ungefähr gleichgeblieben zu sein[1]; jedenfalls war der Effekt viel geringer, als ihn Brown u. Co[2] mit ihrer Härtungstheorie vorhergesagt hatten.

[1] Nicht quantitativ genug. [2] Verfehlte Zitierweise

3. Ergebnisse und Diskussion

An den Zylinderenden waren die Durchmesser im wesentlichen gleichgeblieben. Die entsprechenden Messungen (Tab. 1) ergaben zusammengefaßt einen mittleren Durchmesser von 2,8020 ± 0,0004 cm (Standardfehler des Mittels, vier Beobachtungen). Die Differenz von 0,0128 zwischen den beiden Meßreihen war signifikant für die Sicherheitsschwelle 0,1 (Studentwert t = 13,5 für 6 Freiheitsgrade). Die Abweichung war von der Größenordnung die Glaswegian (*ibid.*) vorhergesagt hatte. Die mittleren Härten an den Zylinderenden waren (1305 ± 0,4) N/mm² bzw. (13,3 ± 0,5) N/mm². (Standardfehler des Mittels, je vier Beobachtungen). Die Differenz von 2,0 zwischen den Mitteln war für das 5-Prozent-Niveau nicht signifikant (t = 2,0 bei 6 Freiheitsgraden). Der Untershcied war viel kleiner als er aufgrund der Härtungstheorie von Brown u. a. (*ibid.*) hätte sein müssen.

4. Schlußfolgerungen

Der Testzylinder war um die Mitte verengt, was keinesfalls ein Zufall sein konnte. Da er genau um soviel verengt war, wie die Zentrifugalkrafttheorie vorhersagte, muß diese Theorie stimmen[1]. Die Härte änderte sich nicht in dem Ausmaße wie die Härtungstheorie behauptete; deshalb muß diese Theorie falsch sein[1]. Es zeigt sich also, daß es falsch ist, Kupferzylinder auf Drehbänken mit hoher Umdrehungsgeschwindigkeit herzustellen[1].

[1] Unvorsichtige Schlußfolgerungen.

4. Schlußfolgerungen

Der Testzylinder zeigte in seiner Mitte eine signifikante Verengung. Die Größenordnung dieser Verengung befand sich in guter Übereinstimmung mit den Vorhersagen der Zentrifugalkrafttheorie. Andererseits gab es keinen Anhaltspunkt dafür, daß der Testzylinder durch einen Härtungsvorgang an einem Ende in der Mitte geschwächt worden wäre. Daraus läßt sich schließen, daß die Zentrifugalkrafttheorie das Drehen von Kupferzylindern mit hoher Geschwindigkeit besser beschreibt als die Härtungstheorie. Bei jetzigen Stand des Wissens ist also die Herstellung von Kupferzylindern auf hochtourigen Drehbänken nicht vorbehaltslos zu empfehlen.

5. Quellenhinweise

Erstwhile[1], (1968), Cylinder machining[2], Springer-Verlag, Berlin.

Glaswegian, G. G.[3] (1971), Proc. R. Soz. A 293[4].

Brown, e. a..[5] (1972), Theory and design of Copper cylinder, Trans. ASME[6] 89F, 477–581.

5. Quellenhinweise

Brown, T. A., Smith, J. A. and Jones, L. (1972) Theory and design of Copper cylinder, Trans. Am. Soc. mech. Engrs. 89F, 477–581.

Erstwhile, K. M. (9168) Maschinenfabrikation von Zylindern, Springer-Verlag, Berlin.

Glaswegian, G. G. (1971) Cylinder turning: towards a new theory of centrifugal force. Proc. R. Soc. A 293, 38–147.

[1] Initialen weggelassen; die Autoren stehen nicht in alphabetischer Reihenfolge. [2] Der Titel sollte nicht übersetzt werden. [3] Der Titel fehlt. [4] Die Seitenzahlen fehlen. [5] Es sind die Namen aller Autoren zu nennen. [6] Die Abkürzung ist nicht in Übereinstimmung mit der *World List of Scientific Periodicals.*

Tabelle 1[1]

Durchmesser an der Spitze[2]: 2,803; 2,801
Durchmesser in der Mitte[2]: 2,790; 2,791
Durchmesser am Boden[2]: 2,802; 2,802
Härte an der Spitze $\times 10^{-3}$ N/mm^2:[3] 1,303; 1,305; 1,307; 1,306
Härte am Boden $\times 10^{-3}$ N/mm^2:[3] 1,302; 1,303; 1,304; 1,304

Tabelle 1: Durchmesser- und Härtemessungen.

Durchmesser an der Spitze (cm): 2,803; 2,801
Durchmesser in der Mitte (cm): 2,790; 2,791; 2,789; 2,787
Durchmesser am Boden (cm): 2,802; 2,802
Härte am Halterungsende (N/mm^2): 1,303; 1,305; 1,307; 1,306 $\times 10^3$
Härte am anderen Ende (N/mm^2): 1,302; 1,303; 1,304; 1,304 $\times 10^3$

[1] Keine Überschrift. [2] Keine Maßeinheiten. [3] Zweideutig. Sind die Zahlen mit 10^3 oder mit 10^{-3} zu multiplizieren?

3. Einige statistische Begriffe

Das Ergebnis qualitativer experimenteller Arbeit sind Daten, die im weitesten Sinne aus Messungen bestehen.

Die gemessene Variable (Merkmalsvariable, zufällige Variable) kann entweder *stetig* sein und, soweit es die Genauigkeit der Versuchsanordnung erlaubt, jeden beliebigen Wert annehmen, oder sie kann *diskret,* d. h. nur durch einen Zählvorgang bestimmt sein.

Beispielsweise wird ein Beobachter, um die wahre Länge eines Gegenstandes zu bestimmen, eine Anzahl von Messungen mit einem Metermaß machen und feststellen, daß die Ergebnisse etwas voneinander abweichen. Die Gesamtheit dieser Messungen bildet eine Stichprobe einer stetigen Variablen. Es wäre unklug, die Meßergebnisse mit größerer

Genauigkeit als etwa 0,5 mm anzugeben. Läßt man diese Einschränkung beiseite, so kann man sich ohne weiteres vorstellen, daß sich die gemessenen Werte stetig von weit unterhalb bis weit oberhalb der wahren Länge verteilen.

Bei einem Experiment zur Schätzung des Ausschlußanteils im Tagesausstoß einer bestimmten Maschine ist die Merkmalsvariable dagegen eine natürliche Zahl, nämlich die Anzahl der defekten Güter in der Produktion. Erstreckt sich das Experiment über mehrere Tagesproduktionen, so erhält man eine Stichprobe einer diskreten Variablen.

Wächst der Stichprobenumfang, so wird uns intuitiv klar, daß die zusätzliche Information im ersten Fall eine genauere Schätzung der wahren Länge erlaubt und im zweiten Fall ein klareres Bild über die Verteilung der Anzahl der Ausschußgüter gibt.

3.1. Histogramm

Die übliche und zufriedenstellendste Methode zur graphischen Darstellung der Verteilung einer Variablen ist das Histogramm. Dieses Diagramm wird wie in Bild 3.1 angeordnet: die möglichen Werte der Variablen werden horizontal aufgetragen, die Flächen der Rechtecke entsprechen den Häufigkeiten, mit denen die einzelnen Werte angenommen werden. Die Ordinaten sind ein Maß für die Häufigkeitsdichte. Ist die Merkmalsvariable diskret, so werden die Rechtecke so konstruiert, daß der Wert der Variablen jeweils in der Mitte der Rechtecksgrundseite leigt. Ist die Variable stetig, so müssen die Meßergebnisse vor der Konstruktion des Histogramms in Gruppen eingeteilt werden. Die Breite der Rechtecke ist dabei frei wählbar. Die passende Wahl zu treffen erfordert etwas Übung und Erfahrung.

Zu schmal oder zu breit angelegte Rechtecke können die Gestalt der Verteilung verzerren. Besonders sorgfältig müssen Unklarheiten vermieden werden, wenn der Wert der Variablen mit einer Gruppengrenze zusammenfällt; diese Situation sollte möglichst umgangen werden.

Obwohl das Histogramm eine brauchbare Art der Darstellung ist, geht bei der Gruppierung der Werte etwas Information verloren, da man jedem Variablenausfall innerhalb einer Klasse den Wert der Klassenmitte zuordnet.

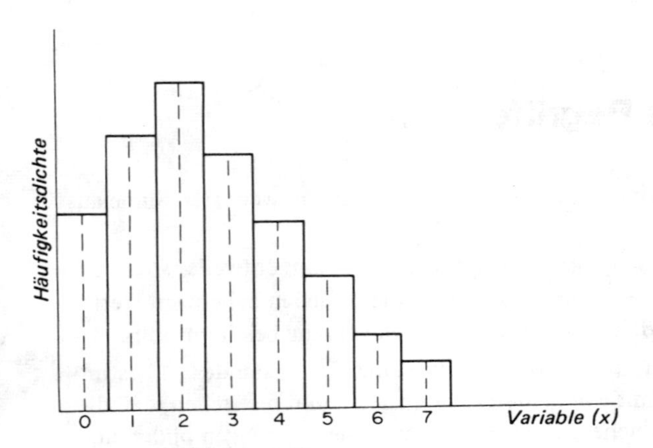

Bild 3.1. Typisches Histogramm

3.2. Häufigkeits- und Wahrscheinlichkeitsverteilungen

Wird bei einer stetigen Variablen der Stichprobenumfang erhöht, so kann die Klassenbreite verringert werden, während die Häufigkeitsdichte im wesentlichen unverändert bleibt. Im Grenzfall nähert sich der Umriß des Histogramms einer glatten Kurve, welche die Häufigkeitsverteilung der Grundgesamtheit wiedergibt (vgl. Bild 3.2).

Für unsere Zwecke wird es vernünftig sein, Wahrscheinlichkeit als das Verhältnis der Zahl der günstigen zur Zahl aller möglichen Ausgänge eines Experimentes zu definieren:

$$\text{Wahrscheinlichkeit} = \frac{\text{Zahl der günstigen Ausgänge}}{\text{Zahl aller möglichen Ausgänge}} \tag{3.1}$$

Die möglichen Ausgänge eines Münzwurfes sind z. B. das Erscheinen von „Kopf" oder „Zahl". Wertet man das Ergebnis „Kopf" als Erfolg, so ist die Wahrscheinlichkeit beim Münzwurf erfolgreich zu sein 0,5. Die Wahrscheinlichkeit zu gewinnen oder zu verlieren ist natürlich 1,0. Wird dieses Experiment mehrere Male wiederholt, so können wir nicht erwarten, in genau der Hälfte der Fälle „Kopf" zu werfen. Durch Erhöhung der Wurfanzahl können wir aber hoffen, diesem Ergebnis näher zu kommen.

Betrachten wir noch einmal das Diagramm der Häufigkeitsverteilung einer Grundgesamtheit (Population). Sind die Maßstäbe so gewählt, daß die Fläche unterhalb der Kurve gerade das Maß der Flächeneinheit hat, so bietet uns das Diagramm eine Darstellung der *Wahrscheinlichkeitsverteilung* aller möglichen Ausgänge eines Experimentes.

Der Gedanke an eine Wahrscheinlichkeitsverteilung scheint im achzehnten Jahrhundert aufgekommen zu sein. Laut *Whittaker* und *Robinson* war es *Simpson,* der in einer Studie über die Theorie von Beobachtungsfehlern von einer theoretischen Verteilung in der Form eines gleichschenkligen Dreiecks ausging, bei welcher negative Fehler ebenso wahrscheinlich waren wie postive. Fehler außerhalb des Dreiecks wurden als unmöglich angesehen. Brauchbarer und gebräuchlichr ist aber eine *Gauß* zugeschrieben glockenförmige Fehlerverteilung, auf die wir im 4. Kapitel näher eingehen werden.

Da die Flächen im Bild 3.2 Wahrscheinlichkeiten darstellen, kann die Kurve als Funktion der Variablen, etwa x, aufgefaßt werden. Die Ordinaten messen die *Wahrscheinlichkeitsdichte* p(x).

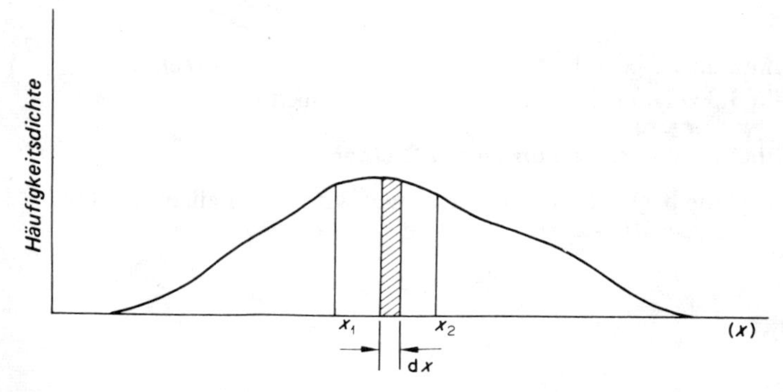

Bild 3.2. Typische Häufigkeitsverteilung

Offenbar ist die Wahrscheinlichkeit, daß x zwischen x_1 und x_2 ausfällt durch

$$\text{Wahrscheinlichkeit } (x_1 < x < x_2) = \int_{x_1}^{x_2} p(x)\,dx \tag{3.2}$$

gegeben. Definitionsgemäß ist außerdem

$$\text{Wahrscheinlichkeit } (-\infty < x < \infty) = \int_{-\infty}^{\infty} p(x)\,dx = 1. \tag{3.3}$$

Von Nutzen ist auch die *Verteilungsfunktion (kumulierte Wahrscheinlichkeit)* P(x). Sie gibt die Wahrscheinlichkeit dafür an, daß x kleiner oder gleich x_1 ist, ist also von der Form:

$$P(x_1) = \text{Wahrscheinlichkeit } (x < x_1) = \int_{-\infty}^{x_1} p(x)\,dx. \tag{3.4}$$

Natürlich gelten die Beziehungen:

$$p(x) = \frac{d}{dx} P(x) \tag{3.5}$$

und

$$P(\infty) = \int_{-\infty}^{\infty} p(x)\,dx = 1. \tag{3.6}$$

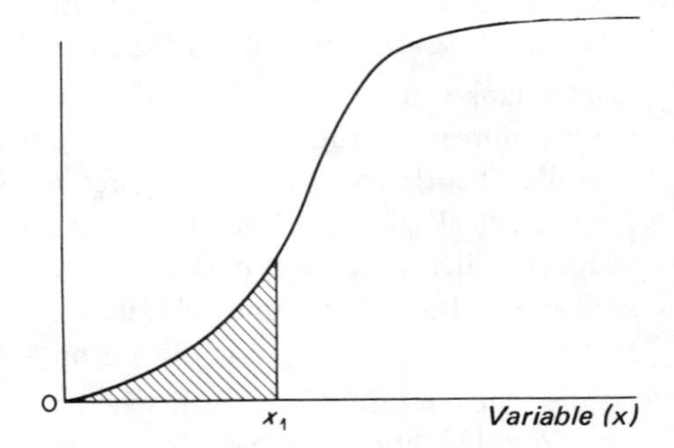

Bild 3.3. Typische Verteilungsfunktion

Im Verteilungsdiagramm mißt also $P(x_1)$ die Fläche, die links von dem betrachteten Variablenwert x_1 liegt. Bild 3.3 zeigt eine typische Verteilungsfunktion.

3.3. Momente von Wahrscheinlichkeitsverteilungen mit Dichten

Das r-te Moment einer Verteilung bzgl. irgendeines Ursprungs wird in der allgemeinsten Form durch

$$\mu_r = \int_{-\infty}^{\infty} g^r(x)\,p(x)\,dx \tag{3.7}$$

definiert, wo g(x) eine vorgegebene Funktion von x ist.

3.3.1. Das erste Moment

Ist g(x) = x, so erhalten wir das erste Moment der Verteilung:

$$\mu = \mu_1 = \int_{-\infty}^{\infty} x\, p(x)\, dx. \tag{3.8}$$

μ ist der Mittelwert von x – der Mittelwert der Grundgesamtheit (s. Bild 3.4).

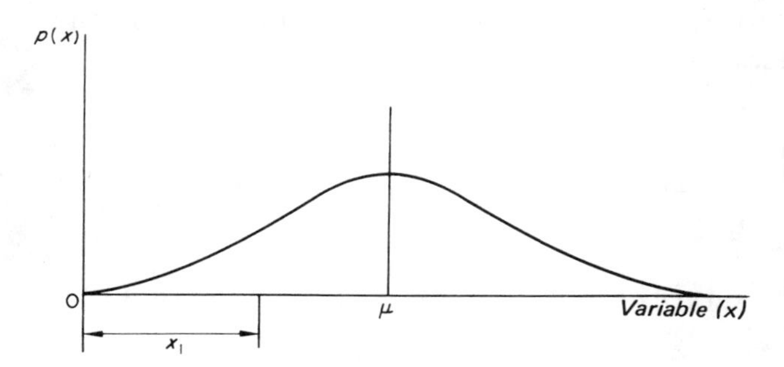

Bild 3.4. Erstes Moment einer Häufigkeitsverteilung bezogen auf den Ursprung

Eine für Ingenieure nützliche Analogie bringt nach *Crandall* der Vergleich einer Wahrscheinlichkeitsverteilung mit einem waagrechten Stab von wechselnder Massendichte (s. Bild 3.5). Die Wahrscheinlichkeitsdichte p(x) und die Massendichte p(x) entsprechen einander. Das erste Moment um den Ursprung liefert einerseits den Mittelwert der zufälligen Variablen und andererseits die Lage des Stabschwerpunktes.

μ heißt auch der Erwartungswert von x und wird mit E(x) bezeichnet.

Nehmen wir an, eine unzuverlässige Person schulde uns DM 50 und die Chance einer Rückzahlung betrage nur 50 %. Ein weiterer, ausgesprochen unehrlicher Mensch schulde uns weitere DM 25 – die Chance, dieses Geld wiederzusehen liege bei 10 %. Zumindest statistisch ist klar, was wir zu erwarten haben:

$$\begin{aligned} E(x) &= (\text{DM } 50 \cdot 0{,}5) + (\text{DM } 25 \cdot 0{,}1) \\ &= \text{DM } 27{,}50. \end{aligned}$$

Wir erwarten eine Rückzahlung von DM 27,50.

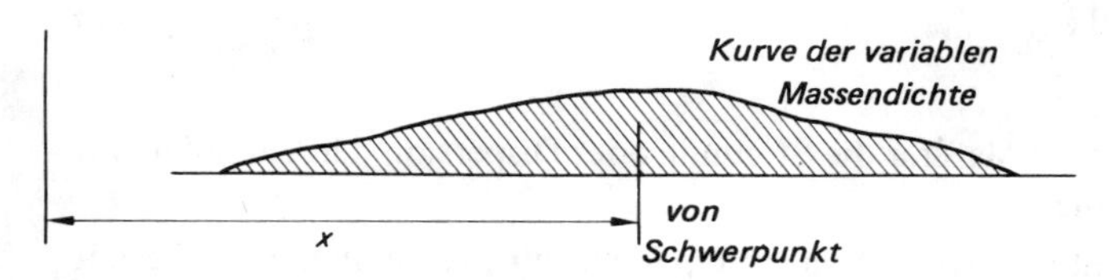

Bild 3.5. Massendichte-Analogon zur Häufigkeitsverteilung

3.3.2. Das zweite Moment

Setzen wir $g(x) = x^2$, so ergibt sich

$$\mu_2 = \int_{-\infty}^{\infty} x^2 p(x)\, dx. \tag{3.9}$$

Dies ist das zweite Moment bzgl. des gewählten Ursprungs und entspricht dem Trägheitsmoment des Stabes um den Ursprung.

Wird x wie in Bild 3.6 vom Mittelwert (μ) aus gemessen, so heißt μ_2 die Varianz der Grundgesamtheit und wird mit σ^2 bezeichnet.

$$\sigma^2 = \int_{-\infty}^{\infty} (x-\mu)^2 p(x)\, dx$$

$$= \int_{-\infty}^{\infty} x^2 p(x) - 2\mu \int_{-\infty}^{\infty} xp(x)\, dx + \mu^2 \int_{-\infty}^{\infty} p(x)\, dx \tag{3.10}$$

$$= \mu_2 - 2\mu^2 + \mu^2$$

oder

$$\sigma^2 = \mu_2 - \mu^2. \tag{3.11}$$

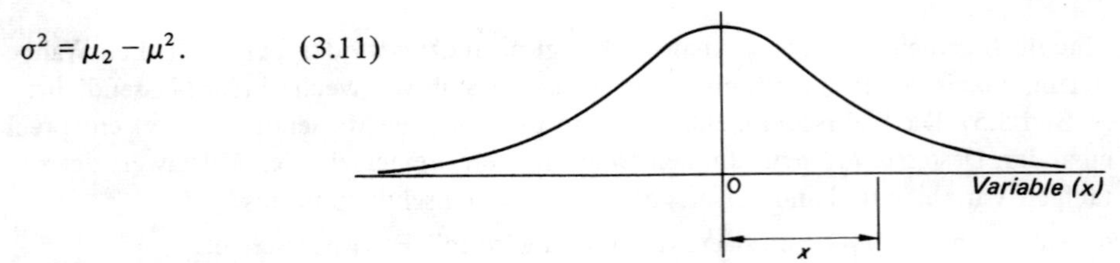

Bild 3.6. Häufigkeitsverteilung aus Bild 3.4 mit zum Mittelwert verschobenem Ursprung

In unserem physikalischen Analogon kennen wir diese Gleichung als den Steinerschen Verschiebungssatz für Trägheitsmomente. σ^2 entspricht dem Trägheitsmoment um den Schwerpunkt und μ_2 (s. Gl. (3.9)) dem Trägheitsmoment um den Ursprung.

Wird x vom Mittelwert aus gemessen und ist $\mu = 0$, so gilt:

$$\sigma^2 = \mu_2 = \int_{-\infty}^{\infty} x^2 p(x)\, dx. \tag{3.12}$$

Offensichtlich ist die Varianz ein Maß für die Streuung oder Dispersion der Variablen um den Mittelwert ihrer Verteilung.

Höhere Momente als das zweite dienen in begrenztem Maße zur Beschreibung der Gestalt von Verteilungen; sie sollen hier nicht betrachtet werden.

3.4. Berechnung von Stichprobenparametern

3.4.1. Lageparameter

3.4.1.1. Modalwert

Der Modalwert ist der am häufigsten vorkommende Variablenwert. Er braucht nicht zu existieren und auch nicht eindeutig zu sein. Als nicht besonders brauchbarer Parameter findet er nur begrenzt Anwendung.

3.4.1.2. Median

Ordnet man die Werte der Variablen in einer Reihe an, so ist der Median der in der Mitte liegende Wert oder das arithmetische Mittel der beiden mittleren Werte. Der Median teilt das Histogramm in zwei gleiche Teile. Die Werte, welche das Histogramm von vier Teile zerlegt, heißt Quartile. Dezile und Perzentile teilen das Diagramm in zehn bzw. hundert Teile.

3.4.1.3. Mittelwert

Der Mittelwert ist der brauchbarste Lageparameter. Er ist einfach der durchschnittliche Wert der Variablen und wird mit $\overline{x}$ bezeichnet:

$$\overline{x} = \sum_{i=1}^{n} \frac{x_i}{n}. \tag{3.13}$$

Abkürzend schreiben wir

$$\overline{x} = \sum \frac{x}{n} \tag{3.13}$$

wobei n die Anzahl der Variablenwerte in der Stichprobe ist.

Sind die Daten gruppiert oder wiederholen sich Variablenwerte mehrfach, so wählt man die passendere Schreibweise:

$$\overline{x} = \frac{\Sigma fx}{\Sigma f}. \tag{3.14}$$

Der Vektor f besteht aus den Häufigkeiten, mit denen x in die einzelnen Gruppen fällt.

3.4.2. Streuungsmaße

Der Mittelwert sagt nichts über die Genauigkeit unserer Messungen aus. Betrachten wir z. B. die zwei Reihen von Wägungen in Tabelle 3.1. Sie liefern denselben Mittelwert, aber schon ein flüchtiger Blick zeigt, daß die Messungen der ersten Reihe weit größere Schwankungen aufweisen als die der zweiten. Wir suchen einen Weg, diese Schwankungen zahlenmäßig auszudrücken.

3.4.2.1. Spannweite

Die Spannweite ist die Differenz zwischen dem größten und dem kleinsten Wert der Variablen.

Tabelle 3.1. Zwei Reihen von Wägungen mit demselben Mittelwert aber verschiedenen Varianzen

Reihe A x Gramm	Reihe B x Gramm
20,48	26,11
26,62	26,12
18,73	26,11
28,61	26,20
34,32	26,16
27,14	26,20
30,09	26,12
23,23	26,20
$\Sigma x = 209{,}22$	$\Sigma x = 209{,}22$
$\overline{x} = 26{,}1525$	$\overline{x} = 26{,}1525$

3.4.2.2. Mittlere Abweichung

Die mittelere Abweichung ist durch den Ausdruck

$$\sum \frac{x - \overline{x}}{n} \tag{3.15}$$

gegeben.

3.4.2.3. Standardabweichung

Die Standardabweichung ist das wichtigste Streuungsmaß. Definiert wird sie durch

$$s^2 = \frac{\Sigma\,(x - \overline{x})^2}{n} \tag{3.16}$$

und bei gruppierten Daten durch:

$$s^2 = \frac{\Sigma\, f(x - \overline{x})^2}{\Sigma\, f}\,. \tag{3.17}$$

s ist die Standardabweichung und s^2 die Varianz der Stichprobe.

3.4.3. Berechnung der Standardabweichung

Die praktische Berechnung der Standardabweichung erscheint auf den ersten Blick ziemlich mühsam. Anscheined hat man zunächst den Mittelwert zu bestimmen und dann die einzelnen Abweichungen vom Mittelwert zu quadrieren und aufzusummieren. Durch eine kleine algebraische Manipulation läßt sich diese Prozedur aber um einiges vereinfachen: Wir bringen den Ausdruck in die für die Rechnung günstigere Form

$$\Sigma(x - \overline{x})^2 = \Sigma\, x^2 + n\overline{x}^2 - 2\overline{x}\Sigma x$$

und ersetzen $\Sigma\, x$ durch $n\overline{x}$:

$$\Sigma(x - \overline{x})^2 = \Sigma x^2 + n\overline{x}^2 - 2n\overline{x}^2.$$

Damit erhalten wir

$$s^2 = \frac{\Sigma x^2}{n} - \bar{x}^2 \qquad (3.18)$$

oder für gruppierte Daten:

$$s^2 = \frac{\Sigma f x^2}{\Sigma f} - \bar{x}^2. \qquad (3.19)$$

Man beachte die formale Ähnlichkeit zwischen diesen Ausdrücken und dem Ausdruck (3.11) für die Varianz der Grundgesamtheit.

Tabelle 3.2 zeigt die Lösung des Problems aus Tabelle 3.1 mit der eben beschriebenen Methode. Um die Standardabweichung auf drei Stellen genau zu erhalten, muß mit acht signifikanten Stellen gerechnet werden. Dies ist notwendig, da $n\Sigma x^2 - (\Sigma x)^2$ eine kleine Differenz zwischen zwei großen Zahlen ist – eine Situation, die, wenn immer möglich, vermieden werden sollte.

Tabelle 3.2. Berechnung der Varianzen und Standardabweichungen für die Daten aus Tabelle 3.1 mit Hilfe der Gl. (3.18)

Reihe A		Reihe B	
x	x^2	x	x^2
20,48	419,4304	26,11	681,7321
26,62	708,6244	26,12	682,2544
18,73	350,8129	26,11	681,7321
28,61	818,5321	26,20	686,4400
34,32	1177,8624	26,16	684,3456
27,14	736,5796	26,20	686,4400
30,09	905,4081	26,12	682,2544
23,23	539,6329	26,20	686,4400
Σx = 209,22	Σx^2 = 5656,8828	Σx = 209,22	Σx^2 = 5471,6386
$\bar{x}^2$ = 683,9533 $\Sigma x^2/n$ = 707,1103 s^2 = 707,1103 − 683,9533 = 23,1570 s = 4,81		$\bar{x}^2$ = 683,9533 $\Sigma x^2/n$ = 683,9548 s^2 = 683,9548 − 683,9533 = 0,0015 s = 0,04	

Die ganze Rechnung wäre mit einem Tischrechner schon langwierig, von Hand ausgesprochen mühsam. Mit n = 100 anstelle von n = 8 wäre die Arbeit kaum vorstellbar und bestimmt nicht fehlerlos durchzuführen. Müssen wir uns aber darüber Gedanken machen, wo doch Rechenanlagen jederzeit zur Verfügung stehen? Unglücklicherweise ja. Die meisten Computer der jetzigen Generation rechnen nur mit elf signifikanten Stellen und würden schon bei wenigen hundert Daten unweigerlich ein falsches Ergebnis liefern.

Glücklicherweise können wir diese Schwierigkeit durch einen anderen, einfachen Kniff umgehen. Wir benutzen das Konzept des *fiktiven Mittels.*

Dazu deklarieren wir einen geeigneten Wert – z. B. den mittleren Stichprobenwert – als unser fiktives Mittel x_0 und wählen einen passenden Multiplikator c mit der Eigenschaft:

$$x_1 = x_0 + ct_i. \tag{3.20}$$

Nun führen wir unsere Rechnungen mit der neuen Variablen t_i durch. Nach einer leichten Umrechnung erhalten wir aus den Gln. (3.13) bzw. (3.14):

$$\bar{x} = x_0 + c\,\frac{\Sigma t}{n} \tag{3.21}$$

$\left(\text{oder für gruppierte Daten } \bar{x} = \frac{\Sigma f x_0}{\Sigma f} + c\,\frac{\Sigma f t}{\Sigma f}\right).$

Bezeichnen wir den Mittelwert der Variablen t mit $\bar{t}$, so bedeutet dies:

$$\bar{x} = x_0 + c\bar{t}. \tag{3.22}$$

Die Gln. (3.18) bzw. (3.19) liefern:

$$s^2 = c^2\left[\frac{\Sigma t^2}{n} - \left(\frac{\Sigma t}{n}\right)^2\right] \tag{3.23}$$

oder für gruppierte Werte:

$$s^2 = c^2\left[\frac{\Sigma f t^2}{\Sigma f} - \left(\frac{\Sigma t}{n}\right)^2\right]. \tag{3.24}$$

Tabelle 3.3. Berechnung von Mittelwert, Varianz und Standardabweichung mit Hilfe der Gln. (3.21) und (3.23) (x_0 = 26,12 g, c = 0,01).

x	t	r^2
26,11	−1	1
26,12	0	0
26,11	1	1
26,20	8	64
26,16	4	16
26,20	8	64
26,12	0	0
26,20	8	64
Σt = 26	Σt^2 = 210	Σt/n = 3,25

$\bar{x}$ = 26,12 + 0,01 · 3,25 = 26,1525
s^2 = $0{,}01^2\,(210/8 - 3{,}25^2)$
= 0,00156875 g^2
s = 0,040 g

Der Vorteil dieser Methode zeigt sich in Tabelle 3.3, wo wir die zweite Meßreihe aus Tabelle 3.2 mit $x_0 = 26,12$ und $t = 1/100$ bearbeitet haben.

Man beachte, daß Fehler jeder Art mit zwei signifikanten Stellen angegeben werden sollten, und daß das davon betroffene zahlenmäßige Resultat eine entsprechende Anzahl von Dezimalstellen aufweisen sollte. Diese Vereinbarung wollen wir das ganze Buch hindurch aufrecht erhalten. Die statistischen Ergebnisse, die wir für die zwei Datenreihen in Tabelle 3.2 berechnet haben, geben wir also wie folgt an: 26,2 ± 4,8 g (Standardabweichung, acht Messungen), bzw. 26,153 ± 0,040 g (Standardabweichung, acht Messungen).

Wir weisen darauf hin, daß zu jedem ziffernmäßigen Ergebnis *drei* Angaben gehören: die Maßeinheit, die Bezeichnung der Statistik (in der technischen Literatur wird jeder statistische Parameter als Statistik bezeichnet) und die Anzahl der Messungen. Die Notwendigkeit der ersten Angabe ist evident. Die beiden übrigen Forderungen erklären sich dadurch, daß die Standardabweichung keineswegs die einzige Statistik ist, um eine Meßgenauigkeit auszudrücken, und daß die Aussagekraft jeder Statistik von der Anzahl der Beobachtungen abhängt, auf die sie sich stützt.

3.5. Eigenschaften von Stichproben und Grundgesamtheiten

Die Unterscheidung zwischen den Eigenschaften von Stichproben und den Eigenschaften von Grundgesamtheiten ist so wichtig, daß allgemein zwei verschiedene Arten von Symbolen verwendet werden: lateinische Kleinbuchstaben für die Stichproben, griechische für die Grundgesamtheiten.

$\bar{x}$ Stichprobenmittel
s^2 Stichprobenvarianz
μ Mittelwert der Grundgesamtheit
σ^2 Varianz der Grundgesamtheit

3.5.1. Beste Schätzung von Parametern der Grundgesamtheit

Wenn wir uns mit experimentellen Beobachtungen befassen, werden wir davon ausgehen, daß das Stichprobenmittel die beste Schätzung für den Mittelwert der Grundgesamtheit ist:

$$\mu_e = \bar{x}.$$

Dieses Postulat aus der klassischen Arbeit von *Gauß* hat zu allen Zeiten viel Beachtung gefunden. Obwohl es in Ausnahmefällen nicht richtig zu sein braucht, wird es für unsere Zwecke ausreichen.

Des weiteren sehen wir als bewiesen an, daß die Stichprobenvarianz s^2 die Varianz der Grundgesamtheit unterschätzt. Dieser Mangel kann durch Multiplikation von s^2 mit dem Besselschen Korrekturfaktor $n/n-1$ (n ist die Anzahl der Beobachtungen in der Stichprobe) behoben werden:

$$\sigma_e^2 = s^2 \frac{n}{n-1}. \tag{3.25}$$

Man beachte, daß der Bessel-Faktor mit wachsendem Stichprobenumfang gegen eins strebt.

Eine alternative Betrachtungsweise sieht in dem Nenner $(n-1)$ die Anzahl der Freiheitsgrade des Problems. Da wir den Mittelwert vorweg berechnet haben, schränken wir die möglichen Abweichungen ein und vermindern die Anzahl der Freiheitsgrade um eins. Es bleiben also $n-1$ Freiheitsgrade übrig.

Im folgenden werden wir auf den Index e verzichten. Er sollte ja nur daran erinnern, daß die wahren Parameter der Grundgesamtheit niemals bekannt sind. Wir können lediglich beste Schätzungen angeben.

3.5.2. Sheppardsche Korrektur

Eine aus gruppierten Daten errechnete Varianz kann durch die Sheppardsche Korrektur verbessert werden:

$$\text{korrigierte Varianz} = (\text{aus den gruppierten Daten errechnete Varianz}) - c^2/12$$

wobei c die Gruppenbreite ist.

Diese Methode kann auf die Bestimmung höherer Momente ausgedehnt werden. Die Korrektur muß mit Vorsicht benutzt werden, da sie nur in den Fällen wirklich anwendbar ist, wo die Häufigkeitskurve beiderseits flach und langgezogen endet und hinreichend gut durch einen Streckenzug angenähert werden kann.

4. Normalverteilung

Es gibt in der Statistik viele verschiedene Häufigkeitsverteilungen, die uns in diesem Buch zum Teil noch begegnen werden. Eine von ihnen eignet sich speziell für die Theorie der Fehlerrechnung: die *Gaußsche* oder *Normalverteilung.* Das Wort „normal" wird hier in seinem ursprünglichen Sinn als „ideal" gebraucht, da man lange Zeit der Meinung war, diese Verteilung spiegele ein universelles und fundamentales Naturgesetz wieder. Unter gewissen Annahmen läßt sich „beweisen", daß die Häufung einer großen Zahl kleiner und unabhängiger zufälliger Abweichungen einem normalen Verteilungsgesetz genügt. Der Glaube an die Stichhaltigkeit dieses Beweises ist allerdings nicht mehr sehr weit verbreitet. Ein bekanntes Zitat zu diesem Problem lautet: Jedermann glaubt an eine Fehlerverteilung nach *Gauß*: die Praktiker, weil sie glauben, die Mathematiker hätten einen Beweis dafür, die Mathematiker, weil sie glauben, es handle sich um einen beobachteten Tatbestand. Für unsere Zwecke können wir aber davon ausgehen, daß die Normalverteilung das Verhalten kleiner zufälliger Fehler am besten wiedergibt.

4.1. Eigenschaften der Normalverteilung

Der erste Eindruck der Dichtefunktion p(x) der Normalverteilung ist ziemlich abschreckend:

$$p(x) = \frac{1}{\sigma(2\pi)^{1/2}} \exp\left\{-\frac{(x-\mu)^2}{2\sigma^2}\right\}. \qquad (4.1)$$

Der gesunde Menschenverstand läßt uns erwarten, daß sich eine große Anzahl kleiner positiver Abweichungen vom Mittelwert gleich stark auswirkt, wie die gleiche Anzahl negativer Abweichungen. In der Tat zeigt der Term $(x-\mu)^2$, daß die Verteilung bzgl. des Mittelwertes symmetrisch ist (Bild 4.1a).

Es ist interessant sich vorzustellen, daß diese Kurve Jahrtausende hindurch unbeachtet buchstäblich unter den Füßen der Menschheit lag, bevor *Gauß* unsere Aufmerksamkeit auf sie lenkte: umgedreht und in der Waagrechten gedehnt zeigt sie sich in den Konturen

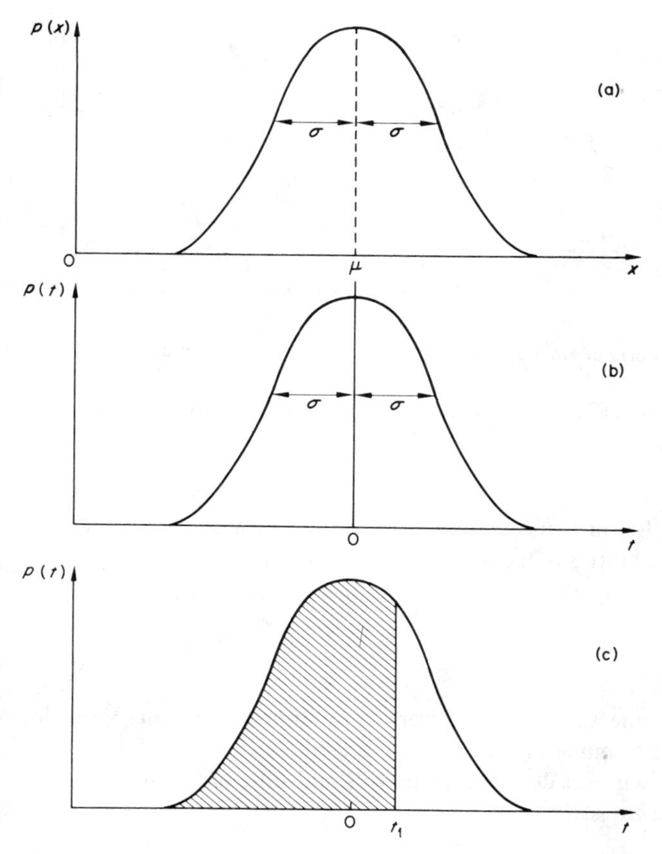

Bild 4.1. (a) Normale (Gaußsche) Häufigkeitsverteilung. (b) Normale Häufigkeitsverteilung mit Nullpunkt im Populationsmittel. (c) Die schraffierte Fläche mißt die Wahrscheinlichkeit daß $t < t_1$ ist.

jeder alten steinernen Treppenflucht, deren Stufen in der Mitte stärker abgenutzt sind als an den Seiten.

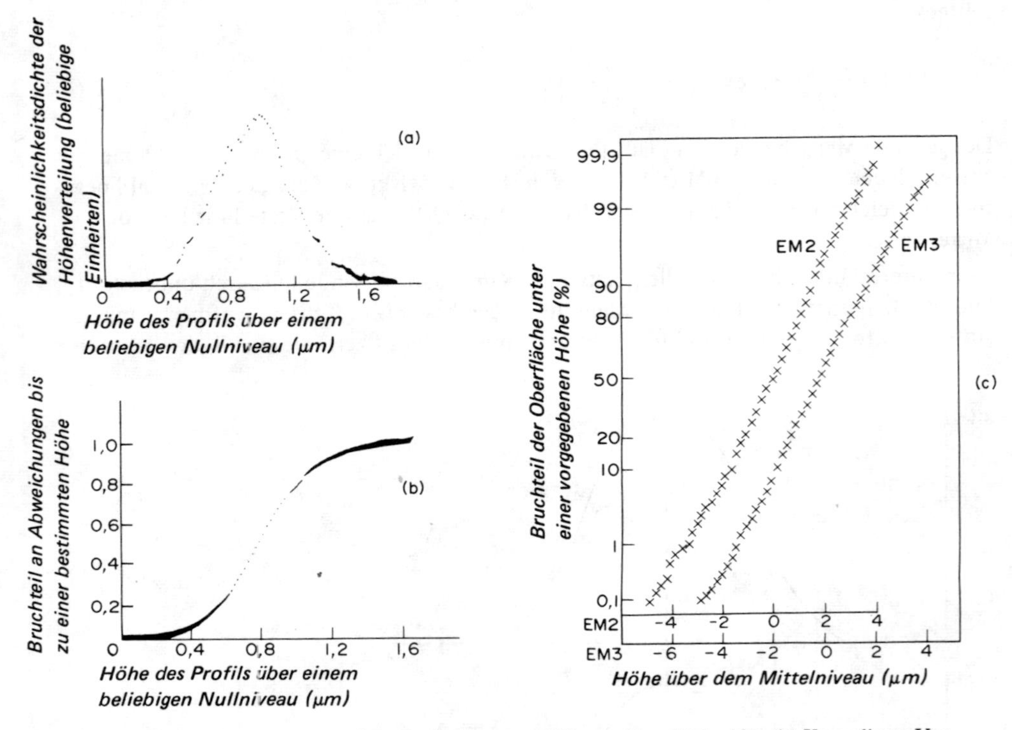

Bild 4.2. (a) Gaußsche Höhenverteilung auf einer geschliffenen Oberfläche [2]. (b) Kumulierte Verteilung von (a) [2].
(c) Kumulierte Höhenverteilung für zwei kugelgestrahlte Oberflächen; Ordinaten im Normalverteilungsmaßstab gezeichnet [3].

Bild 4.2a zeigt ein interessantes Beispiel aus der modernen Ingenieurpraxis: die Verteilung der Höhen in einem Horizontalschnitt durch eine geschliffene Oberfläche.
In Gl. (4.1) müssen wir mit drei Variablen gleichzeitig umgehen. Durch die Substitution

$$t = \frac{x - \mu}{\sigma} \tag{4.2}$$

können wir diesen Ausdruck in eine wesentlich gängigere Form bringen. Die neue Variable t ist *dimensionslos,* da x, μ und σ immer dieselbe Einheit tragen. Zeichnen wir Bild 4.1a in Abhängigkeit von t, so sehen wir, daß der neue Mittelwert im Nullpunkt liegt (Bild 4.1b.) Die neue *Wahrscheinlichkeitsdichte* ist:

$$p(t) = \frac{1}{\sigma}(2\pi)^{1/2}\left(\exp\frac{-t^2}{2}\right). \tag{4.3}$$

$p(t)$ ist einfach der Ordinatenwert der Gauß-Kurve für eine Abszisse t. Um Wahrscheinlichkeiten zu erhalten, müssen wir Flächen unter gewissen Kurvenabschnitten bestimmen. Die Wahrscheinlichkeit, daß ein gegebener Wert von t zwischen zwei beliebigen Werten t_1 und t_2 liegt, muß das Verhältnis der Fläche unter dem Kurvenstück von t_1 bis t_2 zur Gesamtfläche unter der Kurve sein:

$$W(t_1 < t < t_2) = \frac{\int_{t_1}^{t_2} p(t)\,dt}{\int_{-\infty}^{\infty} p(t)\,dt}. \tag{4.4}$$

Die Gesamtfläche unter der Kurve ist aber eins, denn sie repräsentiert die Wahrscheinlichkeit, daß t zwischen $-\infty$ und ∞ liegt. Wir erhalten also:

$$W(t_1 < t < t_2) = \int_{t_1}^{t_2} p(t)\,dt. \tag{4.5}$$

Die üblichen Integrationsregeln liefern:

$$\int_{t_1}^{t_2} p(t)\,dt = \int_{-\infty}^{t_2} p(t)\,dt - \int_{-\infty}^{t_1} p(t)\,dt. \tag{4.6}$$

Für das Integral $\int_{-\infty}^{t_1} p(t)\,dt$ schreiben wir $P(t_1)$ und nennen es die (kumulierte) Verteilungsfunktion der Normalverteilung. $P(t_1)$ mißt die Fläche unter dem Kurvenstück von $-\infty$ bis t_1 und damit die Wahrscheinlichkeit, daß t kleiner als t_1 ist (Bild 4.1c):

$$P(t_1) = W(t < t_1). \tag{4.7}$$

Jedes statistische Tabellenwerk enthält Tafeln mit den Werten von $p(t)$, $P(t)$ oder ähnlichen Funktionen. Diese Tabellen arbeiten mit der Standardabweichung 1 und können deshalb für Verteilungen mit beliebiger Varianz benutzt werden. Die Wahrscheinlichkeit

$$W(t_1 < t < t_2) = P(t_2) - P(t_1) \tag{4.8}$$

aus Gl. (4.5) finden wir also durch einfaches Aufsuchen der Werte $P(t_2)$ und $P(t_1)$.

In Tabelle 4.1 sind einige wichtige Werte von $P(t)$ aufgeführt. (Werte der Wahrscheinlichkeitsdichte $p(t)$ werden wir seltener benötigen.) Unsere experimentellen Resultate betreffend fallen einige sehr interessante Abschätzungen ins Auge: zwei Drittel aller Meßergebnisse werden vom Mittelwert weniger als eine Standardabweichung entfernt sein ($t = \pm 1$); 95 % werden innerhalb zweier und nicht weniger als 99,5 % aller Daten werden innerhalb dreier Standardabweichungen liegen.

Anders ausgedrückt ist nur bei fünf von tausend Messungen zu erwarten, daß ihr Abstand zum Mittelwert der Normalverteilung mehr als drei Standardabweichungen beträgt.

Tabelle 4.1. Wichtige Werte

von t und $P(t) = \int_{-\infty}^{t} p(t)\,dt$

t	P(t)
−1	0,159
0	0,500
1	0,841
2	0,977
3	0,9987
−2,33	0,01
−1,64	0,05
−0,675	0,25
0,675	0,75
1,64	0,95

Ein Parameter der – obwohl von den Statistikern abgelehnt – in der experimentellen Praxis häufig anzutreffen ist, ist der *wahrscheinliche Fehler.* Er gibt die Grenzen an, innerhalb derer die Hälfte aller Beobachtungen zu erwarten ist. Seine Größenordnung (Entfernung dieser Grenzen vom Mittelwert) liegt bei 2/3 (genau 0,6745).

4.2. Anwendungen

Wir wollen sehen, wie diese Eigenschaften der Normalverteilung praktisch genützt werden können. Stellen wir uns einen Würstchenverkäufer vor einem amerikanischen Footballstadion vor. Für die Festlegung seiner Verkaufsstrategie wird es wichtig sein, daß er die durchschnittliche Dauer der Spiele kennt. Kocht er seine „hot dogs" eine Spur zu früh, wird er „zerkochte" Würstchen verkaufen, kocht er sie zu spät, bildet sich vor seinem Stand eine hundert Meter lange Warteschlange. In beiden Fällen besteht die Gefahr, daß erboste Kunden seinen Stand demolieren.

Amerikanische Footballspiele enden häufig mit einer längeren Nachspielzeit. Da die Dauer dieser Nachspielzeit von vielen zufälligen Faktoren abhängt, wird sie annähernd normal verteilt sein. Nehmen wir nun an, der Mittelwert dieser Normalverteilung liege bei 6,8 Minuten, die Stanardabweichung betrage 2,2 Minuten. Dann kann unser Würstchenverkäufer auf Anhieb sagen, daß in der Hälfte aller Spiele zwischen 5,3 und 8,3 Minuten (d.h. $6{,}8 \pm 2{,}2 \cdot 2/3$ min) nachgespielt wird. Er kann weiter voraussagen, daß 2/3 aller Spiele zwischen 4,6 und 9 Minuten ($6{,}8 \pm 2{,}2$min) und 95 % der Spiele zwischen 2,4 und 11,2 Minuten ($6{,}8 \pm 2 \cdot 2{,}2$ min) über die Zeit dauern.

In wievielen Spielen wird weniger als 7,8 Minuten (6,8 + 1 Min.) nachgespielt? Aus Gl. (4.2) erhalten wir den t-Wert

$$t = \frac{(6{,}8 + 1) - 6{,}8}{2{,}2} = 0{,}455$$

und entnehmen aus der Tafel P(0,455) = 0,6754; die Antwort auf unsere Frage ist also 67,5 %. Der Anteil der Spiele, die zwischen einer Minute vor und einer Minute nach der durchschnittlichen Zeit enden, ist einfach (0,6754 − 1/2) · 2 = 0,3508 oder 35,1 %.

Unser Straßenhändler weiß aus Erfahrung, daß es um seinen Stand mit Sicherheit geschehen ist, wenn sich das Spielende um mehr als zwölf Minuten verzögert. Wie wahrscheinlich ist dieses Unglück? Die Gl. (4.2) liefert

$$t = \frac{(12 - 6{,}8)}{2{,}2} = 2{,}36,$$

und die Tafel gibt uns für P(2,36) den Wert 0,99086. Die uns interessierende Wahrscheinlichkeit ist damit 1 − P(t) = 0,00914. Die Chance für eine Katastrophe liegt also unter 1 %, d. h. unser Held kann sich mehrere Spielzeiten hindurch sicher fühlen.

Oft ist es nützlich, die Verteilungsfunktion in Abhängigkeit von t darzustellen. Eine Normalverteilung liefert eine charakteristische S-förmige Kurve (Bild 4.2b). Für die Werte von P(t) kann auch ein spezieller Maßstab verwendet werden, der so verzerrt ist, daß eine normalverteilte Zufallsvariable eine gerade Linie liefert (Bild 4.2c). Dies ist im übrigen ein brauchbarer Test auf Normalverteiltheit.

Wir müssen an dieser Stelle vor einer Fehlerquelle warnen. Viele Autoren folgen der Definition von P(t) wir wir sie gegeben haben. Viele andere tun dies leider nicht, und es gibt fast ebensoviele Arten von Tafeln wie Statistiker. Glücklicherweise ist es recht einfach, von einer Tafel auf die andere überzugehen. Häufig sind nur die Integrationsgrenzen geändert; einige Tafeln integrieren von 0 bis t, andere von − t bis t. Aus

$$\int_{-\infty}^{0} p(t)\,dt = \int_{0}^{\infty} p(t)\,dt = \frac{1}{2} \tag{4.9}$$

folgt

$$\int_{0}^{t} p(t)\,dt = \int_{-\infty}^{t} p(t)\,dt - \frac{1}{2}. \tag{4.10}$$

Dies erledigt die erste Abweichung. Die zweite bekommen wir ebenso leicht in den Griff, denn es gilt aus Symmetriegründen:

$$\int_{-t}^{t} p(t)\,dt = 2\int_{0}^{t} p(t)\,dt. \tag{4.11}$$

Ein etwas schwierigeres Problem stellt die Vorliebe mancher Autoren für die *Irrtumsfunktion* dar.

Sie ist durch

$$\operatorname{erf}\left(\frac{t}{(2)^{1/2}}\right) = \frac{2}{(\pi)^{1/2}} \int_{0}^{t/(2)^{1/2}} \exp(-s^2)\,ds$$

definiert und mit P(t) wie folgt verknüppt:

$$2P(t) = \operatorname{erf}\left(\frac{t}{(2)^{1/2}}\right) + 1.$$

Von den Statistikern selten gebraucht, scheint sie jedenfalls mehr Verwirrung als Nutzen zu bringen. Am besten hält man sich bei allen Rechnungen an dasselbe Tabellenwerk; bei ungewohnten Büchern sehe man sich die Überschriften der Tafeln sorgfältig an.

Einige Autoren tabellieren auch die Werte von $1 - P(t)$, was besonders für Leute nützlich ist, die nicht subtrahieren können.

Um die Genauigkeit einer Reihe von Messungen auszudrücken, haben wir bis jetzt zwei Möglichkeiten kennengelernt: die Standardabweichung und den wahrscheinlichen Fehler. Wesentlich mehr Verbreitung hat aber ein dritter Genauigkeitsindex gefunden: der Standardfehler des Mittelwertes.

Tabelle 4.2. Einige gebräuchliche Genauigkeitsindizes für die Meßreihen von Tabelle 3.1 berechnet

	Reihe A	Reihe B
Standardabweichung der Stichprobe	4,81	0,040
Wahrscheinlicher Fehler der Stichprobe	3,24	0,027
Standardfehler des Mittelwertes	1,94	0,011
Wahrscheinlicher Fehler des Mittelwertes	1,31	0,007
95 % Vertrauensgrenzen des Mittelwertes	3,89	0,022

Über den Unterschied zwischen Stichproben- und Populationsmittel haben wir bereits gesprochen. Entnehmen wir derselben Grundgesamtheit eine große Zahl von Stichproben bzw. Beobachtungsreihen, von denen jede aus n Werten bestehe, so erscheint es plausibel, daß die Mittelwerte dieser Stichproben selbst eine Verteilung besitzen mit dem Populationsmittel μ als Mittelwert. Es läßt sich beweisen, daß dies zutrifft und daß die Mittelwerte der Stichproben wieder normalverteilt sind. Die Verteilung der Stichprobenmittel bleibt selbst für sehr ausgefallene (nicht normale) Grundgesamtheiten immer noch ganz in der Nähe der Normalverteilung. Die Standardabweichung σ_m dieser Verteilung der Stichprobenmittel ist $\sigma/(n)^{1/2}$, was wir mit Hilfe der Stichproben-Standardabweichung wie folgt ausdrücken:

$$\sigma_m = \frac{s}{(n-1)^{1/2}}. \tag{4.12}$$

Dieser sogenannte Standardfehler des Mittelwertes ist streng genommen der Fehler in μ und nicht in $\bar{x}$. Wie wir aber bereits festgestellt haben, ist das Stichprobenmittel die beste Schätzung für das Populationsmittel.

Die Gl. (4.12) lehrt uns, daß sich die Genauigkeit mit wachsendem Stichprobenumfang nur unterproportional verbessert. Benützen wir beispielsweise 100 anstelle von 10 Messungen, so verkleinern wir die geschätzte Standardabweichung der Grundgesamtheit nicht um den Faktor 10, sondern nur um den Faktor $(99/9)^{1/2} = 3{,}3$.

Die Ergebnisse von Tabelle 3.2 schreiben wir nun als 26,2 ± 1,8 g bzw. 26,152 ± 0,015 g (Standardfehler des Mittelwertes, acht Beobachtungen) oder in der Form 26,2 ± 1,2 g bzw. 26,152 ± 0,010 g (Wahrscheinlicher Fehler des Mittelwertes, acht Beobachtungen). Für eine so kleine Zusatzrechnung ist dies eine bemerkenswerte Verbesserung der Genauigkeit.

Dies ist die richtige Stelle, uns mit dem Problem von Stichproben zu befassen, in denen eine einzelne Beobachtung so markant vom Mittelwert abweicht, daß sie den errechnenten Fehler unverhältnismäßig stark vergrößert. Nehmen wir an, es finde sich kein experimenteller Anhaltspunkt, die Richtigkeit der betreffenden Messung anzuzweifeln. Ist es dann jemals zulässig, diese Beobachtung unberücksichtigt zu lassen, um dadurch die Genauigkeit der Ergebnisse zu verbessern?

Für die Ablehnung von Einzelbeobachtungen wurde tatsächlich eine Reihe statistischer Kriterien vorgeschlagen. Von ihnen ist das *Chauvenetsche Kriterium* am häufigsten anzutreffen. Dieses stichprobenabhängige Kriterium ist so formuliert, daß eine Beobachtung nur mit der Wahrscheinlichkeit $1/2n$ außerhalb der kritischen Grenzen $\pm t_{ch}$ liegt:

$$W(|t| > |t_{ch}|) = \frac{1}{2n}.$$

Integriert wird also über die Enden der Verteilung:

$$P(-t_{ch}) + \{1 - P(t_{ch})\} = \frac{1}{2n}.$$

Aus Symmetriegründen gilt aber

$$P(-t_{ch}) = 1 - P(t_{ch})$$

und schließlich

$$P(t_{ch}) = 1 - \frac{1}{4n}.$$

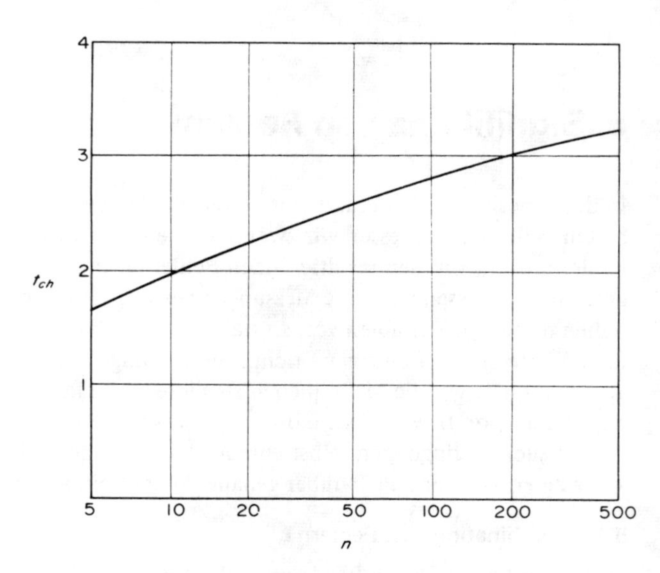

Bild 4.3
Das Chauvenetsche Kriterium als Funktion des Stichprobenumfangs

Das Kriterium ist mit wachsendem n immer schwerer zu erfüllen (Bild 4.3); für sehr große Stichproben ist die Wahrscheinlichkeit, eine Beobachtung abzulehnen, in der Tat sehr gering. Dies entspricht unserer Intuition.

Sind gewisse Beobachtungen verworfen worden, müssen die Stichprobenstatistiken neu berechnet werden. Das Chauvenetsche Kriterium sollte genau genommen auch für die neuen Zahlen angewandt werden. Muß allerdings von einem Dutzend Stichprobenwerten bereits einer abgelehnt werden, so ist in der Praxis eher anzunehmen, daß entweder die Versuchsanordnung defekt oder die Grundgesamtheit nicht normalverteilt ist. In diesem Fall wäre es zweckmäßig, den in Kapitel 9 beschriebenen Chi-Quadrat-Test anzuwenden.

Es ist wichtig daran zu erinnern, daß das Chauvenetsche Kriterium die Unrichtigkeit einer Beobachtung nicht „beweist". Wie die meisten statistischen Kriterien ist auch das Chauvenetsche willkürlich festgelegt und stellt lediglich eine Regel dar, auf die sich eine Gruppe von Wissenschaftlern geeinigt hat. Eine kleine aber begrenzte Anzahl von Beobachtungen wird immer aus vollkommen natürlichen Gründen von der Linie abweichen. Dies muß man zur Kenntnis nehmen, will man nicht „die Bücher des Universums fälschen". Im Zweifelsfalle gebrauche man den gesunden Menschenverstand – hat man jedoch eine Beobachtung abgelehnt, so vermerke man dies *immer* im Schlußbericht, damit sich andere eine eigene Meinung darüber bilden können.

5. Signifikanz von Fehlern

In der experimentellen Praxis sind selten alle Daten in einer einzigen Stichprobe enthalten. Sehr häufig messen wir zwei oder mehr Merkmale, jedes mit seinen eigenen Fehlerquellen. Um den resultierenden Fehler einer daraus errechneten Variablen zu bestimmen, müssen wir diese Messungen geeignet kombinieren. Liegen mehrere Meßreihen derselben Variablen vor, so stellt sich die Frage, unter welchen Umständen wir diese Werte zu einer einzigen Stichprobe vereinigen dürfen, oder, falls dies nicht zulässig sein sollte, wie wir die Meßreihen auf andere Weise kombinieren können. Schließlich dürfte auch von Interesse sein, ob ein gemessener Parameter durch etwaige Änderung der Versuchsbedingungen selbst eine Änderung erfahren hat. Wir suchen quantitative Tests zu entwickeln, die darüber genaue Wahrscheinlichkeitsaussagen machen.

5.1. Kombination von Fehlern

Im bekannten einfachen Pendelversuch ist die Schwingungsdauer T mit der Pendellänge L durch die Gleichung

$$T = 2\pi \left(\frac{L}{g}\right)^{1/2}$$

verknüpft. In der Form

$$g = \frac{4\pi^2 L}{T} \tag{5.1}$$

benützt man diesen Versuch zur Bestimmung der Gravitationskonstante g. Um g zu berechnen, muß man also Pendellänge und Schwingungsdauer des Pendels messen. Jeder dieser Messungen ist fehleranfällig. Wie kombinieren wir diese Fehler in unserer Schätzung von g?

Betrachten wir den allgemeinen Fall einer Größe u, die von zwei unabhängigen Variablen x und y abhängt:

$$u = f(x, y)$$

Setzen wir $u_i = \bar{u} + \delta u_i$, $x_i = \bar{x} + \delta x_i$, $y_i = \bar{y} + \delta y_i$ (die δ-Glieder seien Reste), so gilt

$$\bar{u} + \delta u = f(\bar{x} + \delta x, \bar{y} + \delta y).$$

Diesen Ausdruck entwickeln wir in eine Taylorreihe:

$$\bar{u} + \delta u = f(\bar{x}, \bar{y}) + \frac{\partial u}{\partial x}\delta x + \frac{\partial u}{\partial y}\delta y + \text{Glieder höherer Ordnung.}$$

Subtrahieren wir auf beiden Seiten $f(\bar{x}, y) = \bar{u}$, so bleibt uns von den Gliedern höherer Ordnung abgesehen

$$\delta u = \frac{\partial u}{\partial x}\delta x + \frac{\partial u}{\partial y}\delta y. \tag{5.2}$$

Die Gl. (5.2) kann auf beliebig viele Variablen verallgemeinert werden. Auf Gl. (5.1) angewandt liefert sie:

$$\delta g = \frac{\partial g}{\partial L}\delta L + \frac{\partial g}{\partial L}\delta T = \frac{4\pi^2}{T^2}\delta L + \left(-\frac{2}{T^3}\right) 4\pi^2 L \delta T.$$

Da wir die Vorzeichen der einzelnen Reste nicht kennen, betrachten wir immer den ungünstigsten Fall, in dem alle Reste das gleiche Vorzeichen aufweisen.

Danach erhalten wir

$$\delta g = \frac{4\pi^2 L}{T^2}\frac{\delta L}{L} + \frac{4\pi^2 L}{T^2}\frac{2\delta T}{T}$$

und nach Division durch $g = \frac{4\pi^2 L}{T^2}$:

$$\frac{\delta g}{g} = \frac{\delta L}{L} + \frac{2\delta T}{T}. \tag{5.3}$$

Das schematische Verfahren der Fehlerrechnung, bei dem die relativen Fehler der Variablen mit den Potenzen multipliziert werden, in denen die Variablen auftreten (vgl. Gl. (5.1) und (5.3) dürfte dem Leser bekannt sein. Unsere Ausführungen zeigen die theoretischen Grundlagen dieser Methode.

Das ganze Verfahren hat allerdings den Nachteil, daß immer vom ungünstigsten Fall ausgegangen werden muß. Es ist klar, daß sich Fehler in der Praxis nur selten additiv zusammensetzen. Können wir resultierende Fehler also realistischer schätzen?

Liegen n Messungen von x bzw. y vor, so ist die Stichprobenvarianz von u durch

$$s_u^2 = \frac{1}{n}\sum(u_i - \bar{u})^2 = \frac{1}{n}\sum(\delta u)^2$$

gegeben. Wir ersetzen u durch den Ausdruck in Gl. (5.2) und multiplizieren aus:

$$s_u^2 = \frac{1}{n}\left\{\sum\left(\frac{\partial u}{\partial x}\delta x\right)^2 + \sum\left(\frac{\partial u}{\partial y}\delta y\right)^2 + 2\sum\frac{\partial u}{\partial x}\frac{\partial u}{\partial y}\delta x \delta y\right\}.$$

Wie für die Reste von x und y ist auch für die Produkte $\delta x \delta y$ jedes Vorzeichen gleich wahrscheinlich. Für große Werte von n sind im dritten Term also ebensoviele positive Summanden zu erwarten wie negative, d. h. dieser Term wird gegen Null streben. Nach diesem Grenzübergang erhalten wir

$$s_u^2 = \left(\frac{\partial u}{\partial x}\right)^2 \frac{\Sigma(\delta x)^2}{n} + \left(\frac{\partial u}{\partial y}\right)^2 \frac{\Sigma(\delta y)^2}{n} = \left(\frac{\partial u}{\partial x}\right)^2 s_x^2 + \left(\frac{\partial u}{\partial y}\right)^2 s_y^2. \tag{5.4}$$

Dieses Ergebnis kann wie das vorhergende auf beliebig viele Variable ausgedehnt werden. Der resultierende Fehler in einem Ausdruck mit j Variablen $v_1, v_2, \ldots, v_j$ ist dann

$$s_f^2 = \sum_{i=1}^{j}\left(\frac{\partial f}{\partial v_i}\right)^2 s_i^2. \tag{5.5}$$

Die Gl. (5.5), bekannt als *Fehlerfortpflanzungssatz,* ist ein grundlegendes Ergebnis, auf das wir uns häufig beziehen werden. Man beachte, daß n in den Gl. (5.4) und (5.5) nicht mehr explizit vorkommt; es muß also nicht unbedingt für jede Variable dieselbe Zahl von Beobachtungen vorliegen.

Wenden wir den Fehlerfortpflanzungssatz auf die Gl. (5.1) an, so folgt:

$$s_g^2 = \left(\frac{\partial g}{\partial L}\right)^2 s_L^2 + \left(\frac{\partial g}{\partial T}\right)^2 s_T^2 = \left(\frac{4\pi^2}{T^2}\right)^2 s_L^2 + \left(-\frac{8\pi^2 L}{T^3}\right)^2 s_T^2$$

$$= \left(\frac{4\pi^2 L}{T^2}\right)^2 \frac{s_L^2}{L^2} + \left(\frac{4\pi^2 L}{T^2}\right)^2 \frac{4s_T^2}{T^2}.$$

Nach Division durch g^2 erhalten wir:

$$\left(\frac{s_g}{g}\right)^2 = \left(\frac{s_L}{L}\right)^2 + \left(\frac{2s_T}{T}\right)^2. \tag{5.6}$$

Vergleichen wir dieses Ergebnis mit der Gl. (5.3) (wir setzen dabei $s_g = \delta_g$, etc.), so sehen wir, daß die Beziehung (5.6) für den relativen Fehler von g einen numerisch kleineren Wert liefern wird. Man beachte aber, daß es viele komplizierte Ausdrücke gibt, die sich nicht auf die einfache „relative Fehler-Form“ der Gl. (5.6) bringen lassen.

Eine wichtige Anwendung findet der Fehlerfortpflanzungssatz bei der Versuchsplanung. Die Gl. (5.6) zeigt beispielsweise, daß sich der relative Fehler von T auf den resultierenden Fehler doppelt so stark auswirkt wie der relative Fehler von L. Im vorliegenden Fall spielt dieser Unterschied keine große Rolle, denn die Schwingungsdauer eines Pendels ist tatsächlich wesentlich einfacher zu bestimmen als seine Länge. Betrachten wir aber einmal den Fluß $\dot{V}$ einer Flüssigkeit der Viskosität η durch eine Kapillare mit Radius a und Länge L unter einer Druckdifferenz p. Zwischen $\dot{V}$, η, a, L und p besteht der Zusammenhang

$$\dot{V} = \frac{\pi a^4 p}{8L\eta} . \tag{5.7}$$

Nehmen wir an, wir wollten diese Beziehung zur Messung der Viskosität der Flüssigkeit benützen.

Auflösung der Gl. (5.7) nach η und Anwendung des Fortpflanzungssatzes geben uns:

$$\left(\frac{s_\eta}{\eta}\right)^2 = \left(\frac{s_p}{p}\right)^2 + \left(\frac{s_L}{L}\right)^2 + \left(\frac{s_{\dot{V}}}{\dot{V}}\right)^2 + \left(\frac{4s_a}{a}\right)^2 .$$

Mit anderen Worten wirkt der Fehler von a auf den relativen Fehler von η viermal stärker als der Fehler jeder anderen Variablen. Da der Kapillarradius in jedem Fall sehr klein und äußerst schwer zu messen ist, dürfen wir mit Recht schließen, daß dieser Versuch, obwohl häufig angewandt, zur Viskositätsbestimmung nicht besonders geeignet ist.

5.2. Gewichtung

Wir wollen nun das Problem des effektiven Mittels und des resultierenden Fehlers in den Fällen angreifen, wo mehrere Meßreihen derselben Variablen vorliegen. Die einzelnen Meßreihen werden im allgemeinen verschiedene Mittelwerte und Standardfehler besitzen und können natürlich auch unterschiedlich viele Beobachtungen enthalten.

Hier geht man im allgemeinen so vor, daß man jedem Stichprobenmittel ein *Gewicht* w zuordnet und daraus den kombinierten Mittelwert

$$\overline{X} = \frac{w_a \overline{x}_a + w_b \overline{x}_b + w_c \overline{x}_c + \ldots}{w_a + w_b + w_c + \ldots} \tag{5.8}$$

berechnet. Die Frage ist nur, wie man den Koeffizienten w zu wählen hat. Der Einfachheit halber betrachten wir zwei Stichproben mit den Mittelwerten $\overline{x}_a$, $\overline{x}_b$ und den Standardabweichungen s_a, s_b. Mit $w = w_b/w_a$ erhalten wir als kombiniertes Mittel:

$$\overline{X} = \frac{w_a \overline{x}_a + w_b \overline{x}_b}{w_a + w_b} = \frac{\overline{x}_a + w\overline{x}_b}{1 + w} .$$

Der Fehlerfortpflanzungssatz liefert den resultierenden Fehler:

$$s^2 = \left(\frac{\partial \overline{X}}{\partial \overline{x}_a}\right)^2 s_a^2 + \left(\frac{\partial \overline{X}}{\partial \overline{x}_b}\right)^2 s_b^2$$

wegen

$$\frac{\partial \overline{X}}{\partial \overline{x}_a} = \frac{1}{1 + w}, \qquad \frac{\partial \overline{X}}{\partial \overline{x}_b} = \frac{w}{1 + w}$$

bedeutet das:

$$s^2 = \frac{s_a^2 + w^2 s_b^2}{(1 + w)^2}. \qquad (5.9)$$

Dem *Prinzip der kleinsten Quadrate* zufolge ist der gewichtete Mittelwert $\overline{X}$ dann am besten, wenn die (gewichtete) Summe der Restquadrate

$$w_a (\overline{x}_a - \overline{X})^2 + w_b (\overline{x}_b - \overline{X})^2$$

minimal ist. Den optimalen Wert von w finden wir wie üblich durch Differenzieren dieses Ausdruckes nach w und Nullsetzen der Ableitungen. Dies wird uns umso leichter fallen, da wir wissen, daß die Summe der Restquadrate der Varianz proportional sein muß. Unsere Bedingung lautet also:

$$\frac{\partial s^2}{\partial w} = \frac{\partial}{\partial x} \left\{ \frac{s_a^2 + w s_b^2}{(1 + w)^2} \right\} = 0.$$

Sie liefert:

$$w \left(= \frac{w_b}{w_a} \right) = \frac{s_a^2}{s_b^2}. \qquad (5.10)$$

Dieses Resultat läßt sich wieder für beliebig viele Stichproben verallgemeinern. Demnach ist es am günstigsten, die Gewichte im umgekehrten Verhältnis der Stichprobenvarianzen zu wählen.

So wie es dasteht, scheint dieses System der Gewichtung der Möglichkeit verschiedener Stichprobenumfänge nicht Rechnung zu tragen. Man erhält aber ein ähnliches Ergebnis, wenn man die Varianz durch das Quadrat des Standardfehlers am Mittelwert ersetzt. In diesem Fall darf die Zahl der Beobachtungen in den einzelnen Stichproben unterschiedlich sein.

Für die beiden Meßreihen in Tabelle 3.1 haben wir z. B. die Varianzen 23, 157 bzw. 0,0015688 g^2 gefunden. Die entsprechenden Standardfehler am Mittelwert waren 1,819 bzw. 0,01497 g. Wir müssen also mit 0,3022 und 4462 gewichten, d. h. die Reihe B trägt das 15000fache Gewicht der Reihe A. Unter diesen Umständen hat es fast keinen Sinn, die Meßreihe A überhaupt zu berücksichtigen.

Gewichtung wird am häufigsten in Versuchssituationen angewandt, wo nur eine begrenzte Anzahl von Beobachtungen möglich ist und wo die experimentellen Parameter nicht ständig optimiert oder auch nur kontrolliert werden können. Aus so einer misslichen Lage macht man des beste, wenn man aus den unter unkontrollierbar veränderlichen Versuchsbedingungen aufgenommenen Beobachtungsreihen ein Maximum an Information herauspreßt. Beispiele dafür wären etwa seltene physikalische Ereignisse, wie eine Sonnenfinsternis oder eine Reihe schwieriger und kostspieliger Messungen einer physikalischen Konstante, wie z. B. der Lichtgeschwindigkeit. Es ist typisch für solche Probleme, daß die Beobachtungen nicht so behandelt werden dürfen, als stammten sie alle aus derselben Grundgesamtheit (sonst könnte man sie ja einfach zu einer einzigen Stichprobe zusammenfassen).

Betrachten wir als Beispiel zwei Reihen von Tellurometermessungen des Abstandes der Träger einer Hängebrücke. Sind die Messungen an aufeinanderfolgenden Tagen gemacht, können ganz verschiedene Abweichungen auftreten, die auf Änderungen der Temperatur, Windgeschwindigkeit oder Verkehrsdichte zurückzuführen sind. Nehmen wir an, die Mittelwerte und Standardfehler der zwei Meßreihen seien (485,31 ± 0,07) m bzw. (484,96 ± ± 0,11) m. Die Gl. (5.8) gibt als beste Schätzung für das gemeinsame Mittel:

$$\overline{X} = \frac{485{,}31/0{,}07^2 + 484{,}96/0{,}11^2}{1/0{,}07^2 + 1/0{,}11^2} = 485{,}023 \text{ m}.$$

Den Standarfehler der kombinierten Schätzung bestimmen wir mit Hilfe der Gln. (5.9) und (5.10):

$$\frac{1}{s^2} = \frac{1}{s_a^2} + \frac{1}{s_b^2} = \frac{1}{0{,}07^2} + \frac{1}{0{,}11^2}$$

$$s = 0{,}059 \text{ m}.$$

Wir können also bestenfalls sagen, daß der Abstand der Brückenpfeiler (485,023 ± 0,059) m beträgt.

5.3. Signifikanztests

Nach den Ausführungen des vorigen Abschnittes stellt sich die Frage, wie wir entscheiden wollen, ob zwei Stichproben aus derselben Grundgesamtheit stammen. Zwei solche Stichproben werden im allgemeinen verschiedene Mittelwerte und Streuungen aufweisen. Wie stellen wir fest, ob diese Unterschiede *signifikant* sind, d. h. ob jede Stichprobe zu einer anderen Grundgesamtheit gehört? In der Praxis gibt es zwei wichtige Fälle, in denen die Beantwortung dieser Frage nützlich ist: Einmal, wenn wir wie im letzten Abschnitt wissen wollen, wie wir Beobachtungen aus verschiedenen Stichproben zu behandeln haben: dürfen wir die Werte zu einer Stichprobe zusammenfassen, oder sollen wir die Mittel bewichten? Zum zweiten und wichtigeren, wenn wir feststellen wollen, ob eine Änderung der Versuchsbedingungen ein Resultat beeinflußt hat.

In der Vergangenheit wurde eine Reihe von Signifikanztests ersonnen, von denen der Studentsche t-Test und der Fishersche F-Test wohl die meistbenutzten sind.

5.3.1. Studentscher t-Test

Unter dem Pseudonym „Student" verbarg sich *W. S. Gosset,* ein Angestellter einer Brauerei der König-Edwards-Zeit. Seine Arbeitgeber verboten ihm, seine statistischen Arbeiten unter seinem eigenen Namen zu veröffentlichen, um ihre Fortschritte in der Qualitätskontrolle vor der Konkurrenz geheim zu halten. Als seine Statistik t definierte *Gosset* das Verhältnis der Differenz der beiden Stichprobenmittelwerte zur Standardabweichung dieser Differenz:

$$t = \frac{\overline{x}_a - \overline{x}_b}{\sigma_{\overline{x}_a - \overline{x}_b}}. \tag{5.11}$$

Wie wir gleich sehen werden, nimmt der Nenner im Ausdruck (5.11) mit wachsender Stichprobenvarianz zu. Intuitiv betrachtet ist die Statistik t also eine Art Indikator: bei kleinem t (kleine Differenz der Mittelwerte, große Stichprobenvarianz) stammen die Stichproben wahrscheinlich aus derselben Population, bei großem t (große Differenz der Mittelwerte, kleine Stichprobenvarianz) eher aus verschiedenen Grundgesamtheiten (Bild 5.1). Wir wollen nun versuchen, diese Zusammenhänge mehr quantitativ zufassen. Wir beginnen mit der Varianz der Verteilung der Stichprobenmittel.

Bezeichnen wir mit Δ die Differenz der beiden Mittelwerte:

$$\Delta = \bar{x}_a - \bar{x}_b . \tag{5.12}$$

Die Gl. (5.11) lautet dann:

$$t = \frac{\Delta}{\sigma_\Delta} . \tag{5.13}$$

Wenden wir auf die Gl. (5.12) den Fehlerfortpflanzungssatz an, so erhalten wir

$$\sigma_\Delta^2 = \left(\frac{\partial \Delta}{\partial \bar{x}_a}\right)^2 \sigma_{\bar{x}_a}^2 + \left(\frac{\partial \Delta}{\partial \bar{x}_b}\right)^2 \sigma_{\bar{x}_b}^2 .$$

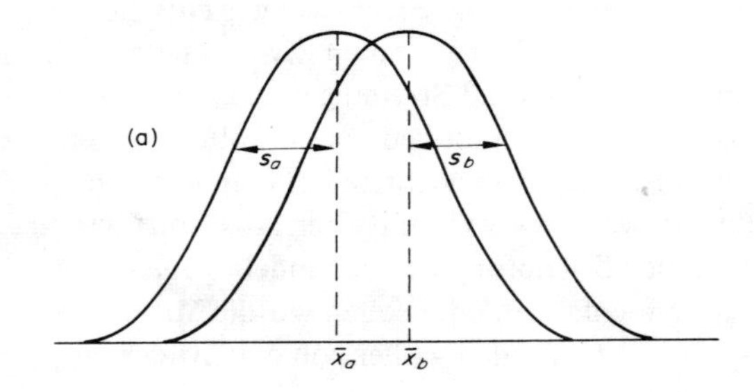

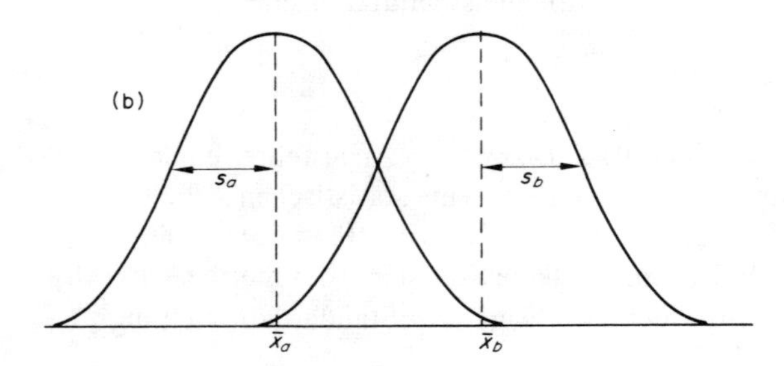

Bild 5.1. Zwei „Verteilungen" die zwei neunelementige Stichproben darstellen; $s_a = s_b = s$. (a) $\bar{x}_a - \bar{x}_b < 0{,}85$ s: die Differenz ist nicht signifikant für eine Sicherheitsschwelle von 10 %. (b) $\bar{x}_a - \bar{x}_b > 2s$: signifikante Differenz bei Signifikanzniveau 0,1 %.

Die vorkommenden Ableitungen sind hier gleich eins, d. h. es ist

$$\sigma_\Delta^2 = \sigma_{\bar{x}_a}^2 + \sigma_{\bar{x}_b}^2.$$

Angenommen die beiden Stichproben stammten tatsächlich aus derselben Grundgesamtheit, so folgt aus Kapitel 4:

$$\sigma_{\bar{x}_a}^2 = \frac{\sigma^2}{n_a}, \quad \sigma_{\bar{x}_b}^2 = \frac{\sigma^2}{n_b}$$

und daher

$$\sigma_\Delta^2 = \sigma^2 \left(\frac{1}{n_a} + \frac{1}{n_b}\right) = \sigma^2 \, \frac{n_a + n_b}{n_a n_b}. \tag{5.14}$$

Jetzt bleibt nur noch die Varianz der Grundgesamtheit durch die Stichprobenvarianzen auszudrücken. Wie wir wissen, sind die Varianzen von Stichproben und Grundgesamtheiten über den Besselschen Korrekturfaktor verknüpft

$$\sigma^2 = \frac{n_a s_a^2}{n_a - 1}$$

oder

$$n_a s_a^2 = (n_a - 1)\, \sigma^2$$

bzw.

$$n_b s_b^2 = (n_b - 1)\, \sigma^2.$$

Durch Addition ergibt sich

$$n_a s_a^2 + n_b s_b^2 = (n_a + n_b - 2)\, \sigma^2$$

oder

$$\sigma^2 = \frac{n_a s_a^2 + n_b s_b^2}{n_a + n_b - 2}.$$

Dies setzen wir in Gl. (5.14) ein

$$\sigma_\Delta^2 = \left(\frac{n_a s_a^2 + n_b s_b^2}{n_a + n_b - 2}\right)\left(\frac{n_a + n_b}{n_a n_b}\right)$$

und erhalten schließlich aus Gl. (5.11)

$$\begin{aligned} t &= (\bar{x}_a - \bar{x}_b) \left[\left(\frac{n_a n_b}{n_a + n_b}\right)\left(\frac{n_a + n_b - 2}{n_a s_a^2 + n_b s_b^2}\right)\right]^{1/2} \\ &= (\bar{x}_a - \bar{x}_b) \left[\left(\frac{n_a n_b}{n_a + n_b}\right)\left(\frac{\nu}{n_a s_a^2 + n_b s_b^2}\right)\right]^{1/2}. \end{aligned} \tag{5.15}$$

Dabei ist $\nu = n_a + n_b - 2$ die' Anzahl der Freiheisgrade.

Zur Statistik t gehört eine eigene Klasse von Wahrscheinlichkeitsverteilungen – je eine Verteilung für jeden Wert von ν. Diese Verteilungen sind symmetrisch und nähern sich für großes ν der Normalverteilung (Bild 5.2a). Bei jeder dieser Kurven gibt die Fläche zwischen $\pm$ t die Wahrscheinlichkeit dafür an, daß zwei Stichproben aus derselben Grundgesamtheit einen t-Wert innerhalb dieser Grenze liefern. Die Fläche unter den verbleibenden Kurvenstücken (Bild 5.2b) ist die Wahrscheinlichkeit, daß der t-Wert der Stichproben außerhalb dieser Grenzen liegt.

In der Praxis werden die t-Werte berechnet, die zu bestimmten Restflächen gehören; die Wahrscheinlichkeiten, daß t außerhalb der betreffenden Grenzen liegt, werden also vorgegeben. Solche t-Werte sind für eine Reihe von Freiheitsgraden tabelliert (Anhang A). Für $\nu = 5$ liefern z. B. 10 % aller Stichprobenpaare einen t-Wert über 2,02; 1 % der Paare wird $|t| \geqslant 4{,}03$ und 0,1 % $|t| \geqslant 6{,}9$ ergeben. Errechnen wir für zwei gegebene Stichproben $\nu = 5$, $|t| = 2{,}5$, so ist die Chance, daß beide Proben aus derselben Grundgesamtheit stammen, also geringer als eins zu zehn; für $|t| = 8$ ist die Chance kleiner als eins zu tausend. Im ersten Fall würden wir sagen, der Unterschied der Stichprobenmittel ist *signifikant für ein Signifikanzniveau (eine Sicherheitsschwelle) von 10 %*, nicht aber für eine 5-%-Schwelle. Im zweiten Fall wäre der Unterschied sogar für eine Sicherheitsschwelle von 0,1 % signifikant.

Wichtig ist, niemals außer Acht zu lassen, daß es sich hier um *willkürlich* gesetzte Kriterien handelt. Sie haben mit der Beweisfindung in einem Schwurgerichtsprozeß mehr gemein-

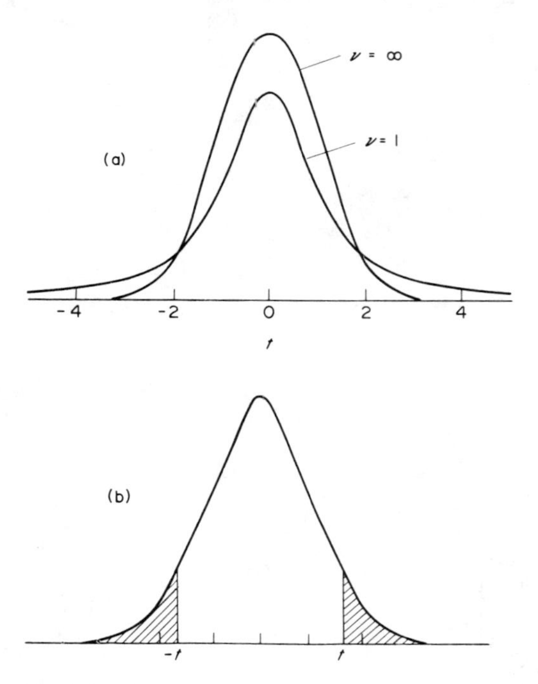

Bild 5.2. (a) Zwei Kurven aus der Familie der t-Verteilungen. (b) Typische t-Kurve. Die schraffierte Fläche ist die Wahrscheinlichkeit, daß der Wert t (– t) zufällig überschritten (unterschritten) wird.

sam als mit einem streng mathematischen Beweisverfahren. Natürlich ist eine Abweichung, die bei tausend Versuchen nur einmal zufällig auftreten sollte, eindrucksvoller als eine, die im Durchschnitt jedes zehnte Mal vorkommt. Um wieviel eindrucksvoller ist Geschmackssache. Als Faustregel akzeptieren die meisten Experimentatoren ein Signifikanzniveau von 1 % für den Nachweis einer wirklichen Abweichung. Für einen besonders kritischen Versuch mag eine Sicherheitsschwelle von 0,1 % oder darunter angebracht sein, genauso, wie das Gericht in einem strittigen Fall noch strengere Beweismaßstäbe anlegen wird. Kein rein statistisches Kriterium kann uns absolute Sicherheit geben, aber es liefert uns eine sehr exakte Wahrscheinlichkeitsbilanz – viele Menschen sind schon aufgrund fadenscheiniger Indizien verurteilt worden.

Wir wollen nun unseren Test auf das Beispiel aus dem letzten Abschnitt anwenden. Nehmen wir an, die zwei Meßreihen enthielten fünf bzw. sieben Beobachtungen. Dann haben wir

$$\bar{x}_a = 485{,}31 \text{ m}, \; n_a = 5, \; s_a^2 = 0{,}0156 \text{ m}^2.$$

$$\bar{x}_b = 484{,}96 \text{ m}, \; n_b = 7, \; s_b^2 = 0{,}0622 \text{ m}^2.$$

Setzen wir diese Werte in die Gl. (5.15) ein, so ergibt sich

$$t = (485{,}31 - 484{,}96)\left[\frac{(5 \cdot 7)(5 + 7 - 2)}{(5 + 7)(5 \cdot 0{,}0156 + 7 \cdot 0{,}0622)}\right]^{1/2} = 2{,}64$$

mit $5 + 7 - 2 = 10$ Freiheitsgraden.

Für $\nu = 10$ entnehmen wir aus der Tafel $t = 2{,}23$ für die 5-%- und $t = 2{,}76$ für die 2-%-Schwelle. Der Unterschied zwischen den zwei Meßreihen ist also bei 5 % signifikant, bei 2 % nicht. Aufgrund dieses Resultates könnten wir die beiden Meßreihen mit einer gewissen Berechtigung direkt zusammenfassen; es dürfte aber letztlich doch klüger sein, sie so zu behandeln, wie wir es taten, d. h. so zu tun, als stammten sie aus verschiedenen Grundgesamtheiten.

5.3.2. F-Test

Um zwei Stichproben zu vergleichen, brauchen wir in bestimmten Fällen eine Methode, die die Differenz der Stichprobenmittel nicht explizit verwendet. Betrachten wir etwa die bedarfsabhängigen Spannungsschwankungen um einen Mittelwert in einer Starkstromleitung. Der Mittelwert ist hier beliebig (wahrscheinlich sogar konstant), und uns interessieren nur die Spannungsänderungen, sagen wir an zwei verschiedenen Tagen. Oder denken wir uns eine Drehbank, deren Einstellung geändert wird. Die Größe dieser Änderung ist beliebig; uns interessiert nur eine etwaige Abweichung in der Qualität des Ausstoßes, d. h. die Frage, wie sich die Schwankungen in den Abmessungen der Produkte geändert haben. In beiden Fällen ist der t-Test nicht anwendbar, da wir mit keiner Differenz von Mittelwerten arbeiten können. Deshalb müssen wir den Fisherschen F-Test benutzen.

Die Statistik F ist definiert als das Verhältnis der *besten Schätzungen* für die Populationsvarianzen, die durch die beiden Stichproben gegen sind:

$$F = \frac{\sigma_a^2}{\sigma_b^2}.$$

Diese Schätzungen sind mit den Stichprobenvarianzen durch den Besselschen Korrekturfaktor verknüpft:

$$F = \frac{\left(\frac{n_a}{n_a - 1}\right) s_a^2}{\left(\frac{n_b}{n_b - 1}\right) s_b^2} . \tag{5.16}$$

Die Freiheitsgrade der beiden Stichproben sind:

$$\nu_a = n_a - 1, \ \nu_b = n_b - 1.$$

Zur Statistik F gehört die Familie der F-Verteilungen – je eine Verteilung pro Paar ν_a, ν_b von Freiheitsgraden. Die F-Verteilungen unterscheiden sich deutlich von den t-Verteilungen. Sie sind nicht symmetrisch, sondern schief im Bezug auf einen von Null verschiedenen Modalwert. Der positive Modalwert erklärt sich sofort: als Verhältnis zweier (positiver) Varianzen muß F, anders als t, immer positiv sein. Die Fläche unter der Verteilungskurve zwischen zwei beliebigen Werten von F mißt wie bei der t-Verteilung die Wahrscheinlichkeit, daß ein gegebener Wert von F innerhalb dieser Grenzen liegt, falls die Stichproben aus derselben Grundgesamtheit stammen.

Wegen der Unsymmetrie der F-Verteilung ist man übereingekommen, nur Werte von $F > 1$ zuzulassen, d.h. das Verhältnis der Varianzen mit der größeren Varianz im Zähler anzugeben. Man braucht dann nur mehr das rechte Ende der Verteilungskurve zu betrachten (Bild 5.3). Für die Werte von F (und verschiedene Kombinationen von Freiheitsgraden) haben wir Tabellen zu den Sicherheitsschwellen 5 und 1 % erstellt. Ist der errechnete Wert von F größer als der etwa für 1 % tabellierte Wert, so schließen wir daraus, daß ein Varianzenverhältnis dieser Größenordnung bei weniger als einem von hundert Stichprobenpaaren aus derselben Grundgesamtheit vorkommen wird. Ein solches Verhältnis der Varianzen ist also signifikant für eine Sicherheitsschwelle von 1 %.

Betrachten wir das Beispiel aus dem vorigen Abschnitt mit

$$s_b^2 = 0{,}0622 \text{ m}^2, \quad n_b = 7, \quad s_a^2 = 0{,}0156 \text{ m}^2, \quad n_a = 5.$$

Gl. (5.16) liefert:

$$F = \frac{\frac{5}{4} \cdot 0{,}0156}{\frac{7}{6} \cdot 0{,}0622} = 0{,}268$$

$(\nu_a = 4, \nu_b = 6)$.

Da dieser Wert kleiner als eins ist, vertauschen wir die Indizes a und b und erhalten:

$$F = 3{,}74, \quad \nu_a = 6, \quad \nu_b = 4.$$

Aus der Tabelle für $\nu_a = 6$, $v_b = 4$ lesen wir die 1-%-Schranke 15,21 und die 5-%-Schranke 6,16 ab. Wir sehen also, daß der Unterschied der beiden Stichproben, ausgedrückt durch das Verhältnis ihrer Varianzen, nicht einmal für eine Sicherheitsschwelle von 5 % signifikant ist. Es gibt daher keinen vernünftigen Grund anzunehmen, die Proben stammten aus verschiedenen Grundgesamtheiten.

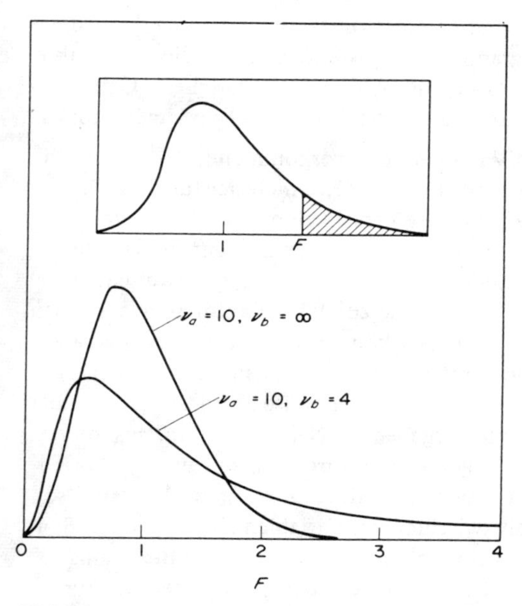

Bild 5.3. Zwei F-Verteilungskurven. Die schraffierte Fläche gibt die Wahrscheinlichkeit, daß der eingezeichnete Wert von F zufällig überschritten wird.

6. Graphische Darstellung

Graphische Methoden sind unübertroffen, wenn es darum geht ein Maximum an Information in prägnanter und verständlicher Form darzubieten.

Besonders dienlich sind sie zur Aufdeckung von Abhängigkeiten zwischen Variablen oder Gruppen von Variablen. Der Experimentator sucht häufig einen funktionalen Zusammenhang zwischen Variablen zu finden. Das Wesentliche ist offenbar, eine Beziehung herzustellen, die sich bequem durch einen mathematischen Ausdruck beschreiben läßt. Prüfen wir z. B. die Abhängigkeit des Gasdruckes von der absoluten Temperatur bei konstantgehaltenem Gasvolumen, so erwarten wir eine Beziehung der einfachen Form

$$P = CT,$$

wo P den Druck, T die absolute Temperatur und C eine Konstante bezeichnet. Wird der Druck in Abhängigkeit von der Temperatur graphisch dargestellt, so liegen die Meßpunkte auf oder in der Nähe einer geraden Linie. Die Größe der Abweichung von dieser Geraden hängt von der Genauigkeit der Meßinstrumente und der Erfahrung des Experimentators ab.

Unglücklicherweise benehmen sich nicht alle Variablen so zuvorkommend. Betrachten wir z. B. die Abnützung von Autoreifen in Abhängigkeit von der Kilometerleistung: Ein kontrollierter Versuch würde ohne Zweifel zeigen, daß der Verschleiß mit der Kilometerleistung zunimmt. Wir erwarten aber nicht, daraus den Schluß ziehen zu können, daß alle Reifen nach sagen wir 15000 Kilometern denselben Grad der Abnützung aufweisen. Der Reifenverschleiß hängt selbstverständlich von einer Reihe zufälliger Faktoren, wie Straßenzustand, Fahrtechnik, u.s.w. ab. Verhältnisse dieser Art können wir nur durch genau abgegrenzte statistische Begriffe beschreiben. Anderenfalls würden wir uns einem vollständigen Durcheinander von Werten gegenübersehen, aus dem in keiner Weise abzulesen ist, ob überhaupt eine natürliche Abhängigkeit der Variablen gegeben ist. Nehmen wir an, uns interessiere die positive Wirkung unterschiedlicher Mengen von Motorölzusätzen auf den Abrieb von Zylinderwandungen. Hätten wir ein neues noch ungeprüftes Zusatzmittel vor uns, so wären wir mit der Feststellung zufrieden, daß zwischen den Variablen überhaupt ein signifikanter Zusammenhang besteht. Wir würden gar nicht erst versuchen, diese Beziehung durch ein funktionales Gesetz zu beschreiben. Statistisch gesprochen forschten wir nur nach dem Grad der *Korrelation*. Alle genannten Arten von Abhängigkeiten zwischen Variablen sind für Techniker wichtig; sie sollen der Reihe nach untersucht werden.

6.1. Funktionale Beziehungen

Da jede Messung in einem Laboratiorium mit unvermeidlichen Fehlern behaftet ist, muß die beste Kurve (*Ausgleichskurve*) zur Darstellung der Ergebnisse durch ein statistisches Verfahren gefunden werden. Am einfachtsten zugänglich ist eine lineare Abhängigkeit. In vielen Fällen kann auch eine nichtlineare Gesetzmäßigkeit auf Geradenform gebracht werden.

Bevor wir fortfahren, müssen wir uns darüber klar werden, daß bei der Untersuchung funktionaler Abhängigkeiten immer angenommen wird, die wahren Werte von x und y lägen auf der Ausgleichskurve und Abweichungen davon seien ausschließlich auf Meßfehler zurückzuführen. Von x- und y-Populationen soll nicht die Rede sein.

6.1.1. Konstruktion einer Ausgleichsgeraden, wenn nur eine Variable fehlerbehaftet ist

Werden in einem Versuch zwei Variable x und y gemessen, so sind im allgemeinen beide mit einem Meßfehler behaftet. Wir vereinfachen diese Ausgangslage, indem wir annehmen, die kontrollierte oder unabhängige Variable x sei genau bekannt, während die abhängige Variable y zufälligen Meßungenauigkeiten unterliege. Dieser Fall ist in der Praxis nicht selten anzutreffen.

Die Gerade, welche die Abhängigkeit der y-Werte von x am besten wiedergibt, ist dadurch bestimmt, daß die Summe der quadrierten Abstände zwischen ihr und den Meßpunkten (in y-Richtung gemessen) minimal ist.

Diese Ausgleichsgerade sei von der Form

$$y = a + bx. \qquad (6.1)$$

Für das r-te Koordinatenpaar x_r, y_r ergibt sich dann das Residuum

$$R_r = y_r - a - bx_r.$$

Am besten ist nach unserer Definition diejenige Gerade, welche $\Sigma(R_r)^2$ zum Minimum macht. Der Einfachheit halber wollen wir in diesem Kapitel das Summationszeichen durch eckige Klammern ersetzen, d. h. wir schreiben

$$[R_r^2] \quad \text{anstelle von} \quad \Sigma(R_r)^2.$$

Die Werte von a und b, welche $[R_r{}^2]$ minimieren, finden wir, indem wir $[R_r^2]$ zuerst nach a und dann nach b partiell ableiten und beide Ableitungen gleich Null setzen.

$$\frac{\partial [R_r^2]}{\partial a} = [y_r] - na - b[x_r] = 0$$

und

$$\frac{\partial [R_r^2]}{\partial b} = [x_r y_r] - a[x_r] - b[x_r^2] = 0.$$

Damit haben wir die sogenannten *Normalgleichungen* hergeleitet. Im folgenden werden wir auf den Index r verzichten, da die Bedeutung von x und y ohnehin klar ist.

$$[y] = na + b[x] \tag{6.2}$$

$$[xy] = a[x] + b[x^2]. \tag{6.3}$$

Dividieren wir die Gl. (6.2) durch die Anzahl n der Wertepaare, so erhalten wir

$$\bar{y} = a + b\bar{x}. \tag{6.4}$$

Offenbar geht die Ausgleichsgerade durch die Mittelwerte von x und y. Zur Bestimmung von a und b lösen wir die Gleichungssysteme (6.2) und (6.3) mit Hilfe der Cramerschen Regel:

$$\frac{a}{\begin{vmatrix} [y] & [x] \\ [xy] & [x^2] \end{vmatrix}} = \frac{b}{\begin{vmatrix} n & [y] \\ [x] & [xy] \end{vmatrix}} = \frac{1}{\begin{vmatrix} n & [x] \\ [x] & [x^2] \end{vmatrix}}$$

d. h.

$$a = \frac{[y][x^2] - [x][xy]}{n[x^2] - [x]^2} \tag{6.5}$$

und

$$b = \frac{n[xy] - [x][y]}{n[x^2] - [x]^2}. \tag{6.6}$$

Der Nenner von a und b läßt sich auch auf die günstige Form

$$n[x^2] - [x]^2 = n[(x - \bar{x})^2] \tag{6.7}$$

bringen; für den Zähler von b werden sich folgende Umrechnungen als zweckmäßig erweisen:

$$b\{n[x^2]-[x]^2\}=n[xy]-[x][y] \tag{6.8}$$

$$=n[(x-\bar{x})(y-\bar{y})] \tag{6.9}$$

$$=n[y(x-\bar{x})]. \tag{6.10}$$

6.1.2. Genauigkeit von Steigung und Achsenabschnitt

Es ist notwendig, daß wir uns ein Urteil über die Genauigkeit der Steigung b und des Achsenabschnittes a bilden. Als Maß für die Abweichung der gemessenen Werte von der Ausgleichsgeraden kennen wir bereits den Ausdruck $[R_r^2]$. Die Streuung der y-Werte um die Gerade ist durch

$$\sigma_y^2=\frac{[R_r^2]}{n-2}$$

gegeben. Die Zahl der Freiheitsgrade ist hier $n-2$, da in der Berechnung von $\bar{y}$ und b zwei Einschränkungen liegen.

6.1.3. Standardfehler der Steigung

Substituieren wir die Gln (6.7) und (6.10) in Gl. (6.6), so erhalten wir für die Steigung b der Geraden:

$$b=\frac{[y(x-\bar{x})]}{[(x-\bar{x})^2]} \tag{6.11}$$

oder

$$b=\left(\frac{1}{[(x-\bar{x})^2]}\right)\{y_1(x_1-\bar{x})+y_2(x_2-\bar{x})+\ldots+y_n(x_n-\bar{x})\}.$$

Dabei sind $y_1, \ldots, y_n$ unabhängig beobachtete Werte von y; die Ausdrücke in x werden in diesem Zusammenhang als Konstanten angesehen. Somit ist

$$b=k_1y_1+k_2y_2+\ldots+k_ny_n,$$

mit den x-Konstanten $k_1, \ldots, k_n$.

Aus den beiden Aussagen

a) Die Varianz einer Summe unabhängiger Ereignisse ist gleich der Summe der einzelnen Varianzen.

b) Die Varianz von ay ist gleich a^2 (Varianz von y)

folgt nun:

$$\text{Varianz von b}=\frac{[(x-\bar{x})^2]}{[(x-\bar{x})^2]^2}\,(\text{Varianz von y})$$

$$\sigma_b^2=\frac{\sigma_y^2}{[(x-\bar{x})^2]}.$$

Der Standardfehler von b ist also durch

$$S.F._{\cdot b} = \frac{\sigma_y}{[(x - \bar{x})^2]^{\frac{1}{2}}} \qquad (6.12)$$

gegeben.

6.1.4. Standardfehler des Achsenabschnittes

Die Varianz des Achsenabschnittes a ergibt sich einfach aus der Identität

$$\text{Varianz von } a = \text{Varianz von } (\bar{y} - b\bar{x}).$$

$\bar{x}$, der Mittelwert von x, wird wie eine Konstante behandelt, d. h. es ist

$$\text{Varianz von } a = \text{Varianz von } \bar{y} + (\bar{x})^2 \text{ (Varianz von b)}.$$

Die Varianz von $\bar{y}$ ist bekannt, nämlich

$$\text{Varianz von } \bar{y} = \frac{\text{Varianz von y}}{n} = \frac{\sigma_y^2}{n},$$

und die Varianz von b ist

$$\frac{\sigma_y^2}{[(x - \bar{x})^2]}.$$

Wir erhalten also die Beziehung

$$\text{Varianz von } a = \frac{\sigma_y^2}{n} + (\bar{x})^2 \frac{\sigma_y^2}{[(x - \bar{x})^2]},$$

oder zusammengefaßt

$$\sigma_a^2 = \frac{\sigma_y^2 [x^2]}{n[(x - \bar{x})^2]}.$$

Der Standarfehler von a ist also

$$S.F._{\cdot a} = \sigma_y \left(\frac{[x^2]}{n[(x - \bar{x})^2]} \right)^{\frac{1}{2}}. \qquad (6.13)$$

Bevor wir den linearen Fall abschließen, wollen wir noch auf eine Möglichkeit hinweisen, wie sich die Beziehungen zwischen den Koeffizienten der Normalgleichungen und den Varianzen von a und b systematisch darstellen lassen. Die Normalgleichungen in den Unbekannten a und b lauten:

$$[y] = na + [x] b$$
$$[xy] = [x] a + [x^2] b.$$

Unsere bisherigen Ergebnisse lassen sich zu folgender Formelzeile komprimieren:

$$\frac{\sigma_a^2}{[x^2]} = \frac{\sigma_b^2}{n} = \frac{\sigma_y^2}{\begin{vmatrix} n & [x] \\ [x] & [x^2] \end{vmatrix}}$$

Der Nenner von σ_y^2 ist die Determinante aus den Koeffizienten der rechten Seiten der Normalgleichungen. Die Nenner von σ_a^2 und σ_b^2 sind die Unterdeterminanten der Diagonalelemente der Koeffizientenmatrix: $[x^2]$, der Nenner von σ_a^2, ist die Unterdeterminante von n; n, der Nenner von σ_b^2, ist die Unterdeterminante von $[x^2]$; Die Konstruktion einer Ausgleichsgeraden soll an einem Beispiel illustriert werden.

Beispiel 6.1

Untersuchung des funktionalen Zusammenhangs zwischen dem Treibstoffverbrauch und der Leistungsabgabe eines Verbrennungsmotors bei konstanter Drehzahl.

Auf die Einzelheiten des Versuchs brauchen wir nicht näher einzugehen. Wir vermerken nur, daß die Leistung der Maschine mit größerer Genauigkeit gemessen wurde als der Treibstoffberbrauch.

Die Erfahrung läßt uns einen linearen Zusammenhang zwischen den Meßwerten erwarten. Leser, denen die Dampfmaschinenzeit noch gegenwärtig ist oder die ein historisches Interesse an Dampfmaschinen haben, werden wissen, daß die Beziehung zwischen Verbrauch und Leistung einer Dampfmaschine als Willansche Gerade bezeichnet wurde. Diese Bezeichnung ist auch für andere Maschinen noch vereinzelt im Gebrauch.

Hier ist ein warnendes Wort notwendig: Es ist nicht zulässig eine Ausgleichsgerade über den gemessenen Bereich hinaus zu extrapolieren. In unserem speziellen Fall nimmt bei höheren Leistungen der thermische Wirkungsgrad des Motors ab, und die Treibstoffverbrauchskurve krümmt sich bei zunehmender Steigung nach oben. Eine lineare Beziehung wäre also nicht mehr erfüllt. Die Versuchsergebnisse sind in Tabelle 6.1 angegeben.

Da wir annehmen, daß nur die Messungen des Treibstoffverbrauchs fehlerhaft sind, minimieren wir die y-Reste.

Die Mittelwerte von x und y sind

$$\bar{x} = 13{,}6143$$

$$\bar{y} = 6{,}8500$$

und die Anzahl der Wertepaare ist 14. Die Gl. (6.11) liefert

$$b = \frac{[y(x-\bar{x})]}{[(x-\bar{x})^2]} = \frac{286{,}6403}{665{,}6766} = 0{,}4306.$$

Die Steigung der Ausgleichsgeraden ist 0,4306. Da diese Gerade durch den Punkt $\bar{x}, \bar{y}$ geht, können wir den Achsenabschnitt direkt aus der Gl. (6.4) bestimmen:

$$a = \bar{y} - b\bar{x} = 6{,}85 - (0{,}4306 \cdot 13{,}6142).$$

Der Achsenabschnitt ist also

$$a = 0{,}9877.$$

Tabelle 6.1. Messungen des Treibstoffverbrauches und der Leistungsabgabe für einen Einzylinder-Verbrennungsmotor bei konstanter Drehzahl.

Leistungsabgabe (x) kW	Treibstoffverbrauch (y) kg/h
4,0	2,6
4,1	2,0
5,5	4,0
8,0	4,0
9,0	4,1
10,0	6,5
12,0	7,2
15,0	7,0
16,5	7,6
17,0	8,8
19,5	8,9
21,0	10,4
24,0	10,6
25,0	12,2

Um die Varianz der y-Werte bzgl. der Ausgleichsgeraden zu berechnen, nehmen wir ein Resultat vorweg, das wir später ableiten werden (Gl. (6.22)):

$$[R_r^2] = [(y_r - \bar{y})^2] - b^2[(x - \bar{x})^2]$$
$$= 129{,}5014 - 0{,}1854 \cdot 665{,}6766 = 6{,}085$$

und

$$\sigma_y^2 = \frac{[R_r^2]}{n-2} = \frac{6{,}085}{14-2} = 0{,}5071$$

oder

$$\sigma_y = 0{,}7121$$

Die Standardfehler der Steigung ist durch die Gl. (6.12) gegeben:

$$S.F._b = \frac{\sigma_y}{[(x-\bar{x})^2]^{1/2}} = \frac{0{,}7121}{(665{,}6766)^{1/2}} = 0{,}0276$$

Die Gl. (6.13) liefert für den Standardfehler des Achsenabschnittes

$$S.F._a = \sigma_y \left(\frac{[x^2]}{n[x-\bar{x})^2]}\right)^{1/2} = 0{,}7121 \left(\frac{3250{,}55}{14 \cdot 665{,}6766}\right)^{1/2} = 0{,}4213.$$

Für den von uns vermessenen Bereich, können wir also folgenden funktionalen Zusammenhang zwischen dem Treibstoffverbrauch y (in kg/m) und der Leistungsabgabe (x) (in kW) des Motors angeben:

$$y = (0{,}431 \pm 0{,}028)\,x + 0{,}99 \pm 0{,}42.$$

Die Vertrauensgrenzen für die Steigung und den Achsenabschnitt sind Standardfehler. Diese Angabe ist wichtig, denn einige Autoren benützen andere Grenzen, wie etwa den wahrscheinlichen Fehler, was dann häufig zu Verwirrungen führt. Bild 6.1 zeigt die Meßergebnisse und die Ausgleichsgerade.

6.1.5. Konstruktion einer Ausgleichskurve

Läßt die Lage der Meßpunkte keine lineare Beziehung zwischen den Variablen vermuten, so ist möglicherweise ein polynomiales Gesetz die passende Darstellung. Es sei

$$y = a + bx + cx^2 + \ldots$$

Wir gehen wie im linearen Fall vor und minimieren $[R_r^2]$, indem wir nach a, b und c differenzieren und die Ableitungen gleich Null setzen. Das Ergebnis sind drei Normalgleichungen, die im Vergleich mit (6.2) und (6.3) ein klares Konstruktionsprinzip erkennen lassen.

$$[y] = na + b[x] + c[x^2]$$

$$[xy] = a[x] + b[x^2] + c[x^3]$$

$$[x^2 y] = a[x^2] + b[x^3] + c[x^4]$$

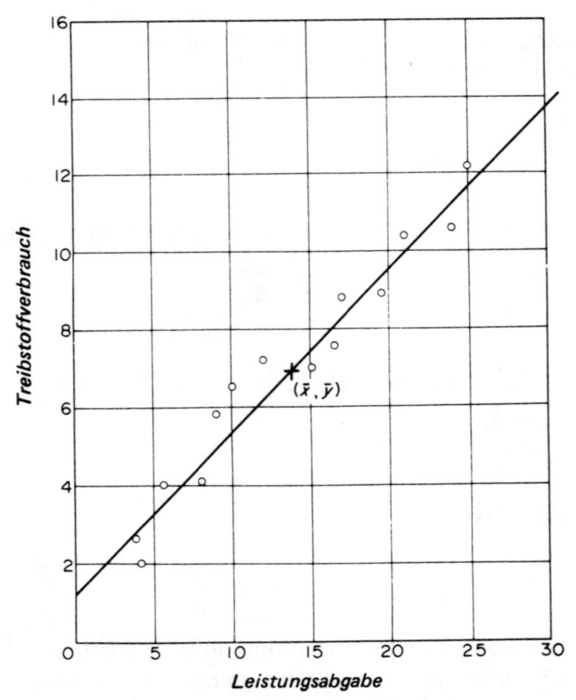

Bild 6.1. Ausgleichsgerade für die Abhängigkeit des Treibstoffverbrauchs von der Motorleistung bei konstanter Drehzahl. Es wird angenommen, daß nur die Messungen des Treibstoffverbrauches fehlerbehaftet sind.

Diese Gleichungen kann man wieder mit der Cramerschen Regel lösen. In seltenen Fällen werden Polynome höherer Ordnung verlangt, aber mit einem Computer stellt auch ihre Konstruktion keine grundsätzliche Schwierigkeit dar. Für umfangreichere Gleichungssysteme scheinen Iterationsverfahren, wie das Gauß-Seidelsche, oder Eliminationsmethoden ökonomischere Lösungswege zu sein.

Die Cramersche Regel gibt als Lösung für das Normalgleichungssystem einer Parabel

$$\frac{a}{\begin{vmatrix} [y] & [x] & [x^2] \\ [xy] & [x^2] & [x^3] \\ [x^2y] & [x^3] & [x^4] \end{vmatrix}} = \frac{b}{\begin{vmatrix} [n] & [y] & [x^2] \\ [x] & [xy] & [x^3] \\ [x^2] & [x^2y] & [x^4] \end{vmatrix}} = \frac{c}{\begin{vmatrix} n & [x] & [y] \\ [x] & [x^2] & [xy] \\ [x^2] & [x^3] & [x^2y] \end{vmatrix}} = \frac{1}{\begin{vmatrix} n & [x] & [x^2] \\ [x] & [x^2] & [x^3] \\ [x^2] & [x^3] & [x^4] \end{vmatrix}}$$

6.1.6. Standardfehler der Polynomkoeffizienten

Die Varianz von y bzgl. der Ausgleichskurve ist

$$\sigma_y^2 = \frac{[R_r^2]}{n-3}$$

mit (n − 3) Freiheitsgraden.

Bei sinngemäßer Übertragung der Regel für den linearen Fall, berechnen sich die Varianzen von a, b und c wie folgt aus dem Koeffizientenschema der Normalgleichungen:

$$\frac{\sigma_a^2}{\begin{vmatrix} [x^2] & [x^3] \\ [x^3] & [x^4] \end{vmatrix}} = \frac{\sigma_b^2}{\begin{vmatrix} n & [x^2] \\ [x^2] & [x^4] \end{vmatrix}} = \frac{\sigma_c^2}{\begin{vmatrix} n & [x] \\ [x] & [x^2] \end{vmatrix}} = \frac{\sigma_y^2}{\begin{vmatrix} n & [x] & [x^2] \\ [x] & [x^2] & [x^3] \\ [x^2] & [x^3] & [x^4] \end{vmatrix}}$$

Die so ermittelten Standardfehler sind nicht so zuverlässig wie im linearen Fall. Schwierigkeiten entstehen aus dem Umstand, daß die Werte von x, x^2 u.s.w. natürlich nicht unabhängig sind.

In der Regel kann man bei einer Polynomausgleichung auch nicht vorhersagen, welcher Grad des Polynoms die beste Anpassung an die Meßwerte bringen wird. Man wird durch Tests zu klären versuchen, ob die Hinzunahme von Gliedern höherer Ordnung die Anpassung in irgendeiner Weise verbessert.

6.1.7. Nicht-polynomische Beziehungen

Nehmen wir den Fall an, daß die Natur eines Problems auf einen nicht-polynomischen Zusammenhang der Variablen hindeutet und daß wir eine Ausgleichskurve der Gestalt

$$y = Ae^{Bx} \tag{6.14}$$

zu finden haben. Hier geraten wir insofern in Schwierigkeiten, als uns die Differentiation von $(y - Ae^{Bx})$ nicht weiterhilft. Naürlich können wir logarithmieren und zwischen ln y und x den linearen Zusammenhang

$$\ln y = \ln A + Bx$$

herstellen. Dies entspricht aber nicht wirklich dem Geiste unserer Fehlerrechnung, denn die gemessene Größe ist y und nicht ln y. Wir können an das Problem allerdings so herangehen, daß wir den Ausdruck

$$[w_r (\ln y_r - \ln A - Bx_r)^2]$$

minimieren, wobei wir eine geeignete Gewichtung w_r verwenden. Wir wissen aus Kapitel 5, daß so eine Gewichtung dem Quadrat der Reste umgekehrt proportional sein sollte.

Setzen wir $Y_r = \ln y_r$, so gilt

$$s(Y_r)^2 = \frac{\delta (y_r)^2}{y_r^2}$$

und deshalb

$$w_r \propto \frac{1}{s(Y_r)^2} \propto y_r^2 .$$

Wenn wir annehmen, daß alle Beobachtungen gleich fehleranfällig sind, müssen wir die Größe

$$[y_r^2 (\ln y_r - \ln A - Bx_r)^2]$$

minimieren. Daraus ergeben sich die Normalgleichungen

$$\begin{aligned} [y_r^2 \ln y] &= [y_r^2] \ln A + [x_r y_r^2] B \\ [xy^2 \ln y] &= [x_r y_r^2] \ln A + [x_r^2 y_r^2] B. \end{aligned} \tag{6.15}$$

Die Werte von A und B erhalten wir wie üblich aus der Lösung dieses Gleichungssystems.

6.2. Lineare Regression und Korrelation

In diesem Abschnitt besprechen wir Methoden zur Auffindung und Beschreibung eines Zusammenhangs zwischen Variablen, die zwar nicht funktional voneinander abhängen, sich aber doch bis zu einem gewissen Grad gegenseitig beeinflussen.

Für zwei Variable x und y sei in ein Diagramm eine Reihe von Meßpunkten mit x als Abszissen und y als Ordinaten eingezeichnet. Im allgemeinen werden die Wertepaare über das ganze Blatt verteilt sein. Ein Trend kann sich zeigen, braucht aber nicht vorhanden zu sein.

Wir beginnen die Untersuchung damit, daß wir durch die Meßwerte eine Ausgleichsgerade legen, die die Quadratsumme der y-Reste minimiert, Diese Gerade bezeichnen wir als die *Regressionsgerade von y bzgl. x.* Ihre Konstruktion erfordert dieselbe Arithmetik wie das Auffinden einer Ausgleichsgeraden, wenn nur die y-Werte fehlerbehaftet sind.

Es werden Normalgleichungen aufgestellt und a und b wie oben berechnet; allerdings benützt man eine andere Bezeichnungsweise. Durch Substitution der Gl.n. (6.7) und (6.9) in (6.6) erhalten wir

$$b = \frac{[(x - \bar{x})(y - \bar{y})]}{[(x - \bar{x})^2]} \tag{6.16}$$

und nach Division von Zähler und Nenner durch $(n - 1)$:

$$b = \frac{[(x - \bar{x})(y - \bar{y})]}{(n - 1)\,\sigma_x^2}.$$

Den Ausdruck

$$\frac{[(x - \bar{x})(y - \bar{y})]}{n - 1} \tag{6.17}$$

nennen wir die *Kovarianz von x und y.* Es ist also

$$b = \frac{\text{Kovarianz und x und y}}{\text{Varianz von x}}.$$

b heißt der *Regressionskoeffizient* von y bzgl. x.
Die Regressionsgerade geht durch $\bar{x}, \bar{y}$, ist also von der Form

$$y - \bar{y} = \frac{\text{Kovarianz von x und y}}{\text{Varianz von x}}(x - \bar{x}). \tag{6.18}$$

Durch die Wertepaare kann man auch eine zweite Gerade legen, indem man die Werte von y als exakt ansieht und die Quadratsumme der x-Reste minimiert. Die Gleichung dieser *Regressionsgeraden von x bzgl. y* ist

$$x - \bar{x} = \frac{\text{Kovarianz von x und y}}{\text{Varianz von y}}(y - \bar{y}). \tag{6.19}$$

Wir haben also zwei Geraden, die auf verschiedene Arten konstruiert sind und beide durch $\bar{x}, \bar{y}$ gehen. Mathematisch gesehen sind die Gln. (6.18) und (6.19) insofern ungewöhnlich, als zwischen ihnen keine algebraische Beziehung besteht. Wenn wir den Koordinatenursprung in den Punkt $\bar{x}, \bar{y}$ legen und die Skalentransformation

$$Y = \frac{y}{\sigma_y} \quad \text{bzw.} \quad X = \frac{x}{\sigma_x}$$

durchführen, so transformiert sich die Gleichung der Regressionsgeraden von y bzgl. x zu

$$Y = \frac{\text{Kovarianz von x und y}}{\sigma_x \sigma_y} X$$

und die Regressionsgleichung von x bzgl. y zu

$$X = \frac{\text{Kovarianz von x und y}}{\sigma_y \sigma_x} Y.$$

Der Faktor

$$\frac{\text{Kovarianz von x und y}}{\sigma_x \sigma_y} \tag{6.20}$$

heißt der *Korrelationskoeffizient* r. Seine Werte liegen zwischen − 1 und + 1. Wie sein Name andeutet, ist er ein Maß für die Wechselwirkung zwischen den Variablen. Wenn mit x auch y zunimmt, sagt man y und x sind positiv korreliert; ist der Korrelationskoeffizient negativ, so spricht man von negativer Korrelation der Variablen. Fallen die beiden Regressionsgeraden zusammen, so ist θ in Bild 6.2 ein Winkel von 45°, und der Korrelationskoeffizient ist + 1. Dies bedeutet, daß die Wertepaare nicht gestreut sind. Je größer die Streuung der Meßwerte ist, desto kleiner wird der Betrag des Korrelationskoeffizienten, und desto weniger Verlaß ist auf eine Abhängigkeit der Variablen.

Wir haben schon oben festgestellt, daß wir uns bei einer funktionalen Beziehung nur mit den gemessenen Werten von x und y und ihren Fehlern zu befassen haben. Wenn wir Regressionsgeraden zeichnen und die Korrelation studieren, ziehen wir auch die Populationen von x und y in Betracht. Die Regression von y bzgl. x bezieht sich auf die Population von y für einen gegebenen Wert von x, die Regression von x bzgl. y auf die Population von x für einen gegebenen Wert von y.

Bei unseren Überlegungen zur Signifikanz von Korrelationskoeffizienten werden wir auf diesen Problemkreis zurückkommen.

6.2.1. Varianzanalyse

Wir wollen das Problem, die Streuung von Wertepaaren zu beschreiben, noch von einer anderen Seite betrachten:

Für jeden Wert von x existiert ein Punkt y auf der Regressionsgeraden, der zu einem gemessenen Wert y_r gehört. Aus der Identität

$$y_r - y = (y_r - \bar{y}) - (y - \bar{y})$$

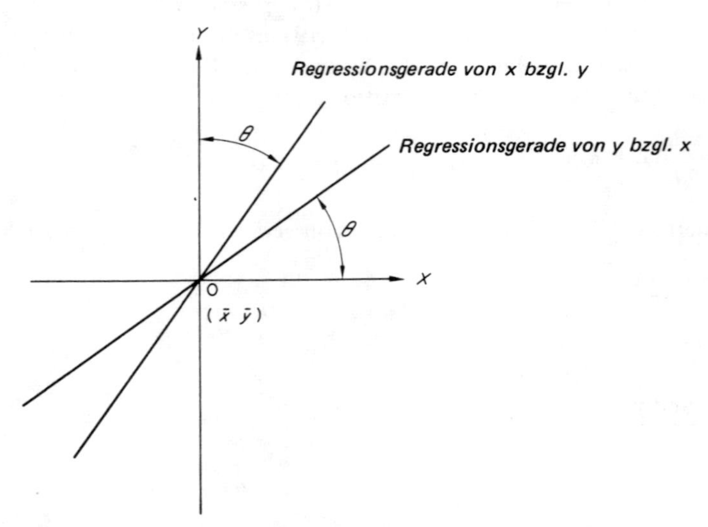

Bild 6.2. Regressionsgeraden von y bzgl. x und x bzgl. y für die gleiche Reihe von Meßwerten; um die Gleichheit der Korrelationskoeffizienten zu zeigen, ist der Ursprung in den Punkt $\bar{x}$, $\bar{y}$ gelegt.

folgt unschwer:

$$[(y_r - y)^2] = [(y_r - \bar{y})^2] - [(y - \bar{y})^2]. \qquad (6.21)$$

Die Quadratsumme der Abweichungen von der Regressionsgeraden ist also gleich der Quadratsumme der Abweichungen vom Mittel abzüglich der Quadratsumme der Regression um den Mittelwert.

Der erste Term ist nichts anderes als die Quadratsumme der Reste $[R_r^2]$. Da die Regressionsgerade die Gleichung

$$y - \bar{y} = b(x - \bar{x})$$

besitzt, gilt

$$[(y - \bar{y})^2] = b^2 [(x - \bar{x})^2].$$

Wir können also die Gl. (6.21) in der Form

$$[R_r^2] = [(y_r - \bar{y})^2] - b^2 [(x - \bar{x})^2] \qquad (6.22)$$

schreiben. Wie wir sehen, braucht die Summe $[R_r^2]$ nicht direkt berechnet zu werden, da sie sich leicht aus den unmittelbar zugänglichen Ausdrücken auf der rechten Seite von Gl. (6.22) bestimmen läßt (Tabelle 6.2).

Mit dem Wert von $[R_r^2]$ gehen wir in die Tafel der F-Verteilung mit 1, (n − 2) Freiheitsgraden ein. Abgelesen wird die Wahrscheinlichkeit dafür, daß die beobachtete Verteilung unserer Meßergebnisse rein zufällig war.

Ein etwas anderer Zugang zu unserem Problem bietet sich in der Untersuchung des Regressionskoeffizienten.

6.2.2. Standardfehler des Regressionskoeffizienten und des Achsenabschnittes

Die Standardfehler von a und b werden ähnlich wie bei der Geradenausgleichung ermittelt.

$$S.F._b = \frac{\sigma_y}{[(x - \bar{x})^2]^{1/2}} \qquad (6.24)$$

Tabelle 6.2. Varianzanalyse

Abweichungen	Quadratsumme	Freiheitsgrade	gemittelte Quadratsumme
zur Regression gehörig	$[(y - \bar{y})^2] = b^2 [(x - \bar{x})^2]$	1	$\frac{b^2 [(x - \bar{x})^2]}{1}$
um die Regression	$[(y_r - y)^2] = [R_r^2]$	n − 2	$\frac{[R_r^2]}{n-2} = \sigma_y^2$
Total	$[(y_r - \bar{y}^2]$	n − 1	

wobei

$$\sigma_y^2 = \frac{[R_r^2]}{n-2}$$

und

$$S.F._a = \sigma_y \left(\frac{[x^2]}{n[(x-\bar{x})^2]} \right)^{1/2} \qquad (6.25)$$

Wenn zwischen den Variablen keine bestimmte Korrelation besteht, ist der Regressionskoeffizient b für die Regression von y bzgl. x gleich Null. Wir können einen t-Test anwenden, um zu entscheiden, ob b signifikant von Null verschieden ist.

Wir berechnen den t-Wert

$$t = \frac{|b|}{S.F._b} \qquad (6.26)$$

Aus der Tafel der t-Verteilung mit $(n-2)$ Freiheitsgraden lesen wie ab, wie groß die Wahrscheinlichkeit dafür ist, daß dieser t-Wert zufällig aufgetreten ist.

Die beiden Tests mit F bzw. t sind in Wahrheit äquivalent, denn der numerische Wert von F ist gleich t^2.

Eine brauchbare und einfach zu berechnende Statistik, die etwas über die Qualität der Beziehung zwischen den Variablen aussagt, ist die prozentuale Anpassung:

$$\text{prozentuale Anpassung} = \frac{100 \cdot \text{Quadratsumme der Regression}}{\text{Totale Quadratsumme}} = \frac{100\, b^2 [(x-\bar{x})^2]}{[(y_r - \bar{y})^2]} .$$

Ein anderes naheliegendes Testverfahren ist der Vergleich des gesamten Wertbereichs der Variablen mit dem Streubereich um die Regressionsgerade. Je ungleicher das Verhältnis dieser Größen ist, desto eher können wir annehmen, daß die Regressionsbeziehung erfüllt ist.

Um zu testen, ob die gemittelte Quadratsumme der Regression signifikant größer ist als die gemittelte Quadratsumme um die Regressionsgerade (vgl. Tabelle 6.2), berechnen wir einfach den F-Wert:

$$F = \frac{\text{gemittelte Quadratsumme der Regression}}{\text{gemittelte Quadratsumme um die Regressionsgerade}} = \frac{b^2[(x-\bar{x})^2]}{\sigma_y^2} \qquad (6.23)$$

6.2.3. Signifikanz des Korrelationskoeffizienten

Wir haben schon darauf hingewiesen, daß es bei der Regression um die Populationen der x- und y-Werte geht; r ist also eine Schätzung für den Korrelationskoeffizienten ρ der xy-Population.

Beim Signifikanztest für r gehen wir von der Hypothese aus, daß der Wert von r, den wir aus unserer Meßreihe berechnet haben, mit einer gewissen Wahrscheinlichkeit zu einer Normalverteilung gehört, deren Korrelationskoeffizient Null ist. Ist dies der Fall, so sind die Variablen natürlich unkorreliert.

Für unseren Test benötigen wir die Verteilung von r für $\rho = 0$. Wir haben schon gesehen, daß F mit t verknüpft ist, und es ist klar, daß beide Statistiken mit r zusammenhängen. Man kann zeigen, daß folgendes gilt:

$$t = r\left(\frac{n-2}{1-r^2}\right)^{\frac{1}{2}}. \tag{6.27}$$

Dieses t vergleicht man mit dem t-Wert, den die Tafel der t-Verteilung mit $n-2$ Freiheitsgraden für die vorgesehene Wahrscheinlichkeit angibt.

Als Alternative findet sich am Ende dieses Buches eine modifizierte Tafel, in der r-Werte für eine Reihe von Wahrscheinlichkeiten und Freiheitsgraden ausgerechnet sind. Die Tafel ist wieder für $n-2$ Freiheitsgrade anzuwenden.

Aus der Signifikanz einer Regression sollte man nur mit großer Vorsicht und nur für den untersuchten Bereich Schlußfolgerungen ziehen. Man hat nämlich nicht unbedingt einen Zusammenhang zwischen. Ursache und Wirkung aufdeckt; für die Variation der Werte kann eine andere nichtberücksichtigte Variable verantwortlich sein.

Eine sehr unvollkommene lineare Regression bedeutet noch lange nicht, daß die Variablen unkorreliert sind. Eine Parabel oder ein Polynom kann sich den Werten sehr gut anpassen, und eine Kurven-Regression kann einen hohen Korrelationsgrad ergeben. Die Kurven-Regression beruht auf einer Kurvenausgleichung, wie wir sie in 6.1.5 beschrieben haben. Die Varianzanalyse und Bestimmung der Standardfehler geht dabei fast genauso vor sich, wie im linearen Fall. Eine genaue Beschreibung der Kurvenregression würde aber den Rahmen dieses Buches sprengen. Die Bestimmung einer Regressionsgeraden soll an einem Beispiel illustriert werden.

Beispiel 6.2

Angenommen, wir untersuchen bei einer Reihe von kommerziell wichtigen Legierungen die Frage, ob ein Zusammenhang zwischen der 0,2 % Fließgrenze und dem Elastizitätsmodul besteht. Durch eine lineare Regression wollen wir feststellen, ob sich diese beiden grundverschiedenen physikalischen Konstanten bei den Legierungen in irgendeiner Weise gegenweitig beeinflussen. Tabelle 6.3 zeigt die Testergebnisse für sechzehn verschiedene Legierungen.

Zuerst bestimmen wir Steigung und Achsenabschnitt der Regressionsgeraden von y bzgl. x. Die Mittelwerte von x und y sind

$$\bar{x} = 0{,}7229$$
$$\bar{y} = 169{,}6875$$

und es liegen

$$n = 16$$

Tabelle 6.3. Messungen der Fließgrenze und des Elastizitätsmoduls für eine Reihe handelsüblicher Legierungen

Fließgrenze (x) kN/mm²	Elastizitätsmodul (y) kN/mm²
0,167	20
0,045	47
0,234	67
0,333	133
0,400	100
0,567	120
0,630	260
0,630	200
0,700	153
0,800	213
1,000	246
1,000	286
1,030	196
1,230	207
1,330	267
1,470	200

Wertepaare vor. Die Steigung (den Regressionskoeffizienten) errechnen wir wie oben aus der Gl. (6.11):

$$b = \frac{[y(x-\bar{x})]}{[(x-\bar{x})^2]} = 151{,}533.$$

Da die Regressionsgerade durch den Punkt $\bar{x}, \bar{y}$ geht, läßt sich auch der Achsenabschnitt sofort angeben:

$$a = \bar{y} - b\bar{x} = 60{,}148.$$

Die Gleichung der Regressionsgeraden von y bzgl. x lautet also

$$y = 151{,}533\, x + 60{,}148.$$

Um die Varianz von y bzgl. der Regressionsgeraden zu bestimmen, müssen wir zunächst die Quadratsumme der y-Reste berechnen:

$$[R_r^2] = [(y-\bar{y})^2] - b^2[(x-\bar{x})^2] = 99729{,}1554 - 63000{,}4654 = 36728{,}6900.$$

Aus

$$\sigma_y^2 = \frac{[R_r^2]}{n-2} = \frac{36728{,}6900}{14} = 2623{,}4779$$

folgt dann

$$\sigma_y = 51{,}2199.$$

Der Standardfehler der Steigung ist nach Gl. (6.24):

$$S.F._b = \frac{\sigma_y}{[(x-\bar{x})^2]^{1/2}} = 30{,}9224.$$

Die Gl. (6.25) gibt für den Standardfehler des Achsenabschnittes:

$$S.F._a = \sigma_y \left(\frac{[x^2]}{n[x-\bar{x})^2]} \right)^{1/2} = 25{,}761.$$

An dieser Stelle wollen wir testen, ob der Regressionskoeffizient b signifikant von Null verschieden ist.

$$t = \frac{|b|}{S.F._b} = \frac{151{,}533}{30{,}922} = 4{,}9.$$

Die Tafel der t-Verteilung mit 14 Freiheitsgraden liefert für das Signifikanzniveau 0,001 den Wert $t = 4{,}140$. Die Regressionsbeziehung ist also in hohem Maße signifikant.
Die Gl. (6.17) gibt als Kovarianz von x und y

$$\frac{[(x-\bar{x})(y-\bar{y})]}{n-1} = 27{,}7171.$$

Die Standardabweichungen von x und y sind

$$\sigma_x = 0{,}4277$$
$$\sigma_y = 81{,}5391.$$

Aus der Gl. (6.20) erhalten wir also den Korrelationskoeffizienten

$$r = \frac{\text{Kovarianz von x und y}}{\sigma_x \sigma_y} = \frac{27{,}7171}{0{,}4277 \cdot 81{,}5391} = 0{,}79.$$

Dies gibt uns natürlich eine Vorstellung von der Qualität der Abhängigkeit. Bevor wir uns über die Signifikanz von r Gedanken machen, wollen wir eine Kontingenztafel aufstellen und eine sorgfältigere Varianzanalyse durchführen.
Zuerst berechnen wir die prozentuale Anpassung als den Quotienten aus der Quadratsumme der Regression und der totalen Quadratsumme:

$$\text{Prozentuale Anpassung} = 100 \cdot \frac{63000{,}4654}{99729{,}1554} = 63.$$

Um zu testen, ob die gemittelte Quadratsumme der Regression signifikant größer ist als die gemittelte Quadratsumme um die Regressionsgerade (vgl. Tabelle 6.2), berechnen wir den Quotienten

$$F = \frac{\text{gemittelte Quadratsumme der Regression}}{\text{gemittelte Quadratsumme um die Regressionsgerade}} = \frac{63000{,}4654}{2623{,}4779} = 24.$$

Aus der Tafel der F-Verteilung für 1 und 14 Freiheitsgrade entnehmen wir für die Signifikanzschranken 0,05 und 0,01 die F-Werte 4,60 bzw. 8,86. Dies zeigt abermals, daß die

Regression in hohem Maße signifikant ist und daß zwischen den Merkmalen x und y wahrscheinlich eine natürliche Zuordnung besteht.

Wie schon oben erwähnt, hängen F- und t-Tests zusammen; $F = 24$ ist mit $t^2 = 4{,}9^2$ numerisch gleichwertig.

Zum Schluß wollen wir noch die Signifikanz des Korrelationskoeffizienten untersuchen. Mit Hilfe der Gl. (6.27) berechnen wir den t-Wert

$$t = r\left(\frac{n-2}{1-r^2}\right)^{\frac{1}{2}} = 0{,}7948\left(\frac{14}{1-0{,}7948^2}\right)^{\frac{1}{2}} = 4{,}9$$

mit $n - 2 = 14$ Freiheitsgraden. Die Tafel liefert für das Signifikanzniveau 0,001 den Wert $t = 4{,}14$; die Korrelation ist also höchst signifikant.

Interessehalber wollen wir noch den Wert des Regressionskoeffizienten b′ von x (Elastizitätsmodul) bzgl. y (Fließgrenze) bestimmen.

$$b' = \frac{\text{Kovarianz von x und y}}{\text{Varianz von y}} = \frac{27{,}7171}{6648{,}629} = 0{,}0042.$$

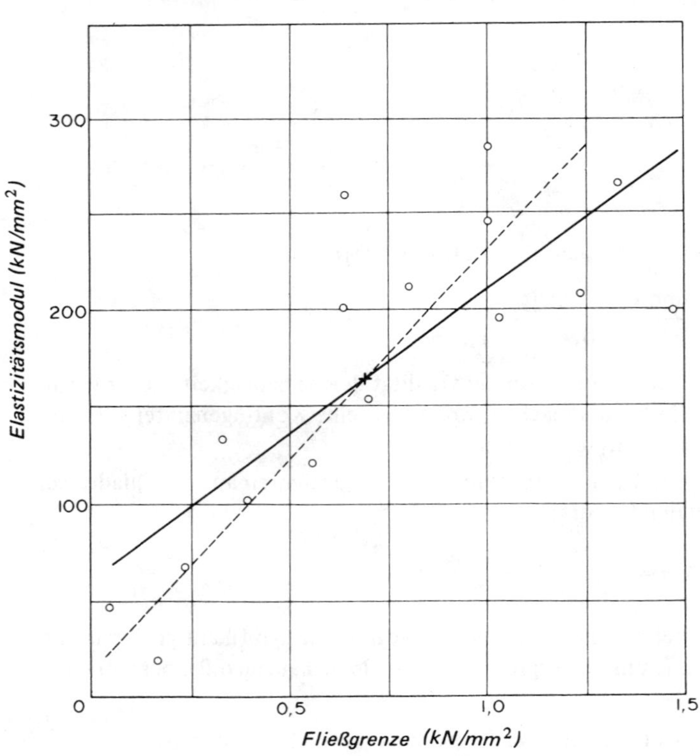

Bild 6.3. Regressionsgeraden des Elastizitätsmoduls und der Fließgrenze für eine Reihe kommerziell wichtiger Legierungen. Die durchgezogene Linie ist die Regressionsgerade des Elastizitätsmoduls bzgl. der Fließgrenze, die unterbrochene Linie die Regressionsgerade der Fließgrenze bzgl. des Elastizitätsmoduls.

Die zugehörige Regressionsgerade ist in Bild 6.3 gestrichelt eingezeichnet. Offenbar besteht eine signifikante Korrelation zwischen dem Elastizitätsmodul E und der Fließgrenze.

Diese Regressionsbeziehung ist in der Technik von einiger Bedeutung, da sie die Fähigkeit eines Materials beschreibt, elastische Energie zu speichern.

7. Dimensionsanalyse

Die Dimensionsanalyse ist ein nützliches Verfahren, um eine anscheinend sehr schwierige und komplexe Versuchssituation auf eine weitaus unkompliziertere zu reduzieren. Sie bewährt sich besonders bei Problemen, wo eine vollständige theoretische Analyse nur schwer oder überhaupt nicht durchführbar ist.

Betrachten wir das Problem, den Wärmeübergang zwischen zwei Metallstäben zu beschreiben, deren Enden sich in einem Vakuum berühren. Es ist realistisch anzunehmen, daß dabei folgende Merkmalsvariablen eine Rolle spielen: die Wärmeleitfähigkeit des Metalls, seine Oberflächenhärte und – rauhheit und die Kraft, mit der die Stäbe aneinander gedrückt werden.

Eine theoretische Analyse dieses Problems ist äußerst schwierig. In der Technik kann man sich seine Fragestellungen aber nicht aussuchen; jede Antwort ist besser als gar keine, und eine Antwort auf unser spezielles Problem wurde schon an einigen Stellen dringend benötigt. Man denke nur an so verschiedenartige Dinge wie den Bau von Satelliten oder die Planung von Kernkraftwerken.

Ein möglicher Zugang zu unserem Problem wäre folgendes Verfahren: Wir nehmen eine Reihe von Wärmeübergangsmessungen vor, wobei wir etwa die Anpresskraft variieren und alle anderen Parameter konstant halten. Dann verändern wir einen anderen Parameter – z. B. die Oberflächenrauhheit – und nehmen neue Meßreihen des Wärmeübergangskoeffizienten in Abhängigkeit von der Anpresskraft auf. Wenn wir dieses Verfahren einige Male wiederholen, so erhalten wir zu verschiedenen Oberflächenrauhheiten eine Familie von Kurven des Wärmeübergangs abhängig von der Anpresskraft. Nun können wir die ganze Versuchsreihe von neuem durchlaufen, indem wir die Oberflächenrauhheit konstant halten und einen anderen Parameter variieren. So fortfahrend erhalten wir immer neue Reihen von Kurven. Es ist klar, daß dies ein sehr langwieriges und mühseliges Versuchsprogramm ist, dessen Ergebnisse für einen Konstrukteur nicht leicht auf Anhieb zu interpretieren sind.

Eine Dimensionsanalyse bringt für nur wenige Minuten theoretischer Mehrarbeit eine drastische Verkürzung dieses Versuchsprogramms. Grundlage der Methode ist das sog.

Homogenitätsprinzip für Dimensionen; es besagt, daß bei jeder Gleichung zwischen physikalischen Größen die Dimensionen der linken und der rechten Gleichungsseite übereinstimmen müssen. Dies gilt für jedes verwendete Dimensionensystem. Nehmen wir z. B. die Bewegungsgleichung

$$v = u + ft \tag{7.1}$$

v und u sind die End- bzw. Anfangsgeschwindigkeiten mit der Dimension Länge pro Zeiteinheit, f ist eine Beschleunigung mit der Dimension Geschwindigkeit pro Zeiteinheit und die Zeit t hat natürlich die Dimension der Zeit. Man schreibt dafür üblicherweise:

$$\begin{aligned} [v] &= [u] = LT^{-1} \\ [f] &= LT^{-2} \\ [t] &= T \end{aligned} \tag{7.2}$$

Offenbar gilt:

$$[ft] = LT^{-2}\,T = LT^{-1} = [u] = [v].$$

Die Dimensionen stimmen also auf beiden Seiten überein. (Man beachte, daß die Dimensionen der beiden Terme der rechten Seite nicht addiert werden; interessant sind nur die Potenzen, in denen die einzelnen Dimensionen auftreten.) Natürlich hat jeder Term in der Gleichung dieselbe Dimension.

Diese Aussagen bleiben bei jeder Umformung der Gleichung wahr. Division durch t ergibt z. B.:

$$\begin{aligned} &\frac{v}{t} = \frac{u}{t} + f \\ &\left[\frac{v}{t}\right] = LT^{-1}T^{-1} = LT^{-2} = \left[\frac{u}{t}\right] = [f]. \end{aligned} \tag{7.3}$$

Wieder besitzen beide Seiten der Gleichung und jeder einzelne Term dieselbe Dimension. Wir hätten das gleiche Resultat erhalten, wenn wir durch u oder f dividiert hätten.

Die Division durch u liefert allerdings noch eine interessantere und nützlichere Aussage:

$$\frac{v}{u} = 1 + \frac{ft}{u}$$

und

$$\left[\frac{v}{u}\right] = \frac{LT^{-1}}{LT^{-1}} = 1 = \left[\frac{ft}{u}\right] \tag{7.3}$$

Die Dimensionen kürzen sich heraus; man sagt, v/u und ft/u seien *dimensionslose Gruppen.* Für eine gegebene Versuchssituation werden diese dimensionslosen Gruppen immer denselben numerischen Wert haben, unabhängig davon, in welchem System von Einheiten sie gemessen sind. Mißt man f in km pro Stunde^2, u und v in km pro Stunde und t in Stunden, so ergeben sich für v/u und ft/u genau dieselben numerischen Werte, wie wenn f in cm/sec^2, v in cm/sec und t in Sekunden gemessen wäre.

Wichtiger ist jedoch, daß die Gleichung auf eine Beziehung zwischen zwei Variablen reduziert worden ist. Zeichnen wir v/u in Abhängigkeit von ft/u , so erhalten wir eine einzige eindeutige Kurve, die den Zusammenhang zwischen allen vier Parametern u, v, f und t darstellt. Wesentlich an der Dimensionsanalyse ist also das Finden von dimensionslosen Gruppen, die einen physikalischen Zusammenhang ausdrücken, wenn die exakte Beziehung von vornherein nicht bekannt ist.

Wir wollen eine Methode zur Auffindung dimensionsloser Gruppen vorstellen, die auf Lord *Rayleigh* zurückgeht. (*J. W. Strutt,* Third Baron *Rayleigh*).

7.1. Die Rayleighsche Methode

Die Rayleighsche Methode geht davon aus, daß sich die unbekannte Beziehung zwischen den Variablen als Potenzreihe in Produkten von Potenzen der Variablen schreiben läßt. Es wäre also

$$v = \phi(u^{\alpha} f^{\beta} t^{\gamma}) \tag{7.4}$$

was lediglich bedeutet, daß v eine Funktion des eingeklammerten Produkts mit unbekannten Exponenten α, β, γ, ist. Nun folgt aus dem oben beschriebenen Homogenitätsprinzip für Dimensionen

$$[v] = \phi[u^{\alpha} f^{\beta} t^{\gamma}]$$

d. h.

$$LT^{-1} = (LT^{-1})^{\alpha} (LT^{-2})^{\beta} T^{\gamma} = L^{\alpha + \beta} T^{-\alpha - 2\beta + \gamma}.$$

Damit diese Gleichung erfüllt ist, muß der Exponent jeder Dimension der linken Seite mit dem entsprechenden Exponenten der rechten Seite übereinstimmen. Dies bedeutet für L

$$1 = \alpha + \beta \tag{i}$$

und für T

$$-1 = -\alpha - 2\beta + \gamma \tag{ii}$$

Die Gleichungen (i) und (ii) nennt man *Indikator-Gleichungen.* Offenbar muß die Anzahl der Indikatorgleichungen mit der Anzahl der im Ausgangsproblem vorkommenden Dimensionen übereinstimmen. Man beachte, daß wir drei Unbekannte bei nur zwei Gleichungen haben; wir können die Gleichungen (i) und (ii) also nicht explizit lösen. Wir werden aber sehen, daß dies keine Rolle spielt.

Lösen wir die Gleichungen (i) und (ii) nach β auf, so erhalten wir

$$\gamma = \beta$$

$$\alpha = 1 - \beta$$

In Gl. (7.4) eingesetzt ergibt dies:

$$v = \phi(u^{1 - \beta} f^{\beta} t^{\beta}).$$

Wir formen diese Beziehung noch um:

$$v = u\phi\left(\frac{ft}{u}\right)^{\beta}$$

oder

$$\frac{v}{u} = \phi\left(\frac{ft}{u}\right)^{\beta}. \qquad (7.5)$$

Durch eine Dimensionsanalyse haben wir also die beiden dimensionslosen Gruppen erhalten. Auf den ersten Blick scheinen die Gln. (7.3) und (7.5) völlig verschieden zu sein. Der Potenzreihenansatz für die Gl. (7.5) ist

$$\frac{v}{u} = C_0 + C_1 \frac{ft}{u} + C_2 \frac{ft^2}{u} + \ldots$$

Für $C_0 = C_1 = 1$ und $C_2 \ldots C_n = 0$ hätten wir in der Tat

$$\frac{v}{u} = 1 + \frac{ft}{u}$$

d. h. die Gl. (7.3).

Die Gl. (7.5) ist also keinesfalls eine wirkliche Gleichung, und der Exponent hat keinerlei physikalische Bedeutung. Dies ist eine sehr wichtige Feststellung. Die Dimensionsanalyse sagt uns, welche dimensionslosen Gruppen an einer physikalischen Beziehung beteiligt sind, sie kann uns aber nicht die explizite Form dieser Beziehung angeben. In unserem speziellen Fall sagt sie uns nicht, daß C_0 und C_1 gleich eins und die restlichen Koeffizienten gleich Null sind. Diese Information kann nur entweder durch eine theoretische Analyse, wo diese möglich ist, oder in komplexen Fällen mit Dimensionsanalyse durch einen Laboratoriums-Versuch gewonnen werden.

Nun können wir zu unserem Ausgangsproblem zurückkehren. Zuerst müssen wir ein System von Grunddimensionen wählen. Wir brauchen uns dabei nicht auf Masse, Länge und Zeit zu beschränken; für die Dimensionen einer speziellen Variablen gibt es keine Tabus, und wir können jedes verträgliche System wählen, das uns gefällt. Bei Wärmeleitungsproblemen ist es oft günstig, zu den üblichen Grunddimensionen noch die Wärmemenge Q und die Temperatur θ hinzuzunehmen.

Der Wärmeübergangskoeffizient C ist dann die Wärmemenge, die in der Zeiteinheit und bei einem Temperaturunterschied von einer Einheit übertragen wird. Es gilt also

$$[C] = QT^{-1}\theta^{-1}.$$

Die Wärmeleitfähigkeit k ist die Wärmemenge, die in der Zeiteinheit bei einer Einheit Temperaturunterschied durch einen Metallwürfel von einer Volumeneinheit fließt:

$$[k] = QL^{-2}LT^{-1}\theta^{-1} = QL^{-1}T^{-1}\theta^{-1}.$$

Die Oberflächenhärte H ist der Druck, d. h. die Kraft pro Flächeneinheit, bei dem die Oberfläche plastisch zu fließen beginnt:

$$[H] = MLT^{-2}L^{-2} = ML^{-1}T^{-2}.$$

Die Anpresskraft W hat einfach die Dimension

$$[W] = MLT^{-2}.$$

Die Oberflächenrauhheit σ ist eine Länge:

$$[\sigma] = L.$$

Wir machen den Ansatz

$$C = k^{\alpha} H^{\beta} W^{\gamma} \sigma^{\delta}. \qquad (7.6)$$

Dann gilt:

$$[C] = [k^{\alpha} H^{\beta} W^{\gamma} \sigma^{\delta}]$$

$$QT^{-1}\Theta^{-1} = (QL^{-1}T^{-1}\Theta^{-1})^{\alpha}(ML^{-1}T^{-2})^{\beta}(MLT^{-2})^{\gamma}L^{\delta} \qquad (7.6)$$
$$= Q^{\alpha}L^{-\alpha+\beta+\gamma+\delta}T^{-\alpha-2\beta-2\gamma}\Theta^{-\alpha}M^{\beta+\gamma}.$$

Durch Exponentenvergleich erhalten wir

für Q $\quad 1 = \alpha$ (i)
für L $\quad 0 = -\alpha - \beta + \gamma + \delta$ (ii)
für T $\quad -1 = -\alpha - 2\beta - 2\gamma$ (iii)
für Θ $\quad -1 = -\alpha$ (iv)
für M $\quad 0 = \beta + \gamma$ (v)

Da die Länge L auf der linken Seite nicht erscheint, ordnen wir ihr auf dieser Seite den Exponenten Null zu. Man beachte, daß nicht alle *Indikatorgleichungen* unabhängig sind; (i) und (iv) sind äquivalent, (iii) + (iv) sind gleichwertig mit (v). Wir kommen darauf später zurück.

Die Zahl der Unbekannten ist also wieder um eins größer als die Anzahl unabhängiger Gleichungen, d. h. wir können auch dieses Gleichungssystem nicht explizit lösen. Lösen wir alle Gleichungen nach β auf, so erhalten wir

$$\alpha = 1$$
$$\gamma = -\beta$$
$$\delta = 1 + 2\beta.$$

In Gl. (7.6) eingesetzt ergibt dies

$$C = k^{1} H^{\beta} W^{-\beta} \sigma^{1+2\beta}$$

oder

$$\frac{C}{\sigma k} = \left(\frac{H\sigma^2}{W}\right)^{\beta}.$$

Damit haben wir eine Beziehung zwischen fünf Variablen auf eine Beziehung zwischen zwei dimensionslosen Gruppen reduziert. Zeichnen wir zur Darstellung unserer Versuchsergebnisse die dimensionslose Wärmeleitung $C/\sigma k$ in Abhängigkeit von der dimensionslosen Belastung $W/H\sigma^2$ auf, so erhalten wir wieder eine eindeutige einzige Kurve, die für jeden beliebigen Wert jeder der fünf Variablen gültig ist. Offenbar konnten wir unseren experimentellen Aufwand um vieles reduzieren [5].

Die Tatsache, daß ein Parameter, σ, auf beiden Seiten der Gleichung auftritt, ist nicht alarmierend; so etwas kommt häufig vor und ist ganz in Ordnung.

Wieder hat der unbekannte Exponent β keinen physikalischen Inhalt. In unserem speziellen Fall lassen die Indikatorgleichungen nur eine einzige Lösung zu. Gewöhnlich hängt die Gestalt der dimensionslosen Gruppen aber von den Exponenten ab, nach welchen die Indikatorgleichungen aufgelöst werden. Oft erfüllen mehrere Paare dimensionsloser Gruppen unsere Kriterien, und jedes dieser Paare ist so korrekt wie das andere. In solchen Fällen ist aber fast immer ein bestimmtes Paar in der Anwendung den anderen vorzuziehen. Würde beispielsweise ein Parameter mit einem weit größeren Fehler gemessen als die anderen, so wäre es ungünstig, ein Paar dimensionsloser Gruppen zu wählen, wo dieser Parameter in jeder Gruppe auftritt. Man beachte, daß wir fünf Grundimensionen gewählt und drei unabhängige Indikatorgleichungen erhalten haben. Das Ergebnis waren $5 - 3 = 2$ dimensionslose Gruppen.

7.2. Buckingham Methode

Wir wollen an die Bildung dimensionsloser Gruppen noch auf einem etwas anderen Wege herangehen. Diese mehr systematische Methode stützt sich auf das sog. Pi (π)-Theorem, das *E. Buckingham* zugeschrieben wird. Dieses Theorem besagt, daß jede homogene Funktionalgleichung

$$\phi(A, B, C, D, \ldots) = 0$$

die einen Zusammenhang zwischen n Variablen herstellt, eine Lösung folgender Art besitzt:

$$\phi(\pi_1, \pi_2, \pi_3, \ldots \pi_{n-\nu}) = 0.$$

Dabei ist jedes π eine dimensionslose Gruppe, n die Anzahl der Variablen in der Ausgangsgleichung und ν die Zahl der unabhängigen Zeilen in der weiter unter beschriebenen Matrix.

Eine mathematische Rechtfertigung des π-Theorems, die gleichzeitig zeigt, daß man sich von der Einschränkung auf Potenzreihen lösen kann, existiert natürlich, würde aber an dieser Stelle zu weit führen.

Um die Anwendung der Methode zu verdeutlichen, wollen wir zwei Beispiele betrachten:

Beispiel 1. Reibungsdrehmoment in einem Achslager

Als erstes stellen wir uns die Aufgabe, das von der Reibung verursachte Drehmoment in einem Achslager experimentell zu bestimmen. Die kontrollierbaren Variablen sind in der Gleichung

$$\phi(T, P, \eta, N, D) = 0$$

zusammengefaßt; dabei sei

T = Reibungsdrehmoment
P Druck/Lagerquerschnitt
η Viskosität des Schmiermittels
N Umdrehungsgeschwindigkeit
D Lagerdurchmesser

Als Grundeinheiten wählen wir M, L und T.

Unsere Information über die Dimensionen ordnen wir in Tabellenform an, wobei die Exponenten der Grunddimensionen in den Zeilen stehen. Die Spalten sind von links durchnumeriert (K_1, K_2, K_3, usw.)

	K_1 T	K_2 P	K_3 η	K_4 N	K_5 D
M	1	1	1	0	0
L	2	-1	-1	0	1
T	-2	-2	-1	-1	0

Nun berechnen wir den Rang ν der Exponentenmatrix. ν ist die höchstmögliche Ordnung einer von Null verschiedenen Determinante in der Matrix. Die Determinante der letzten drei Spalten ist

$$\begin{vmatrix} 1 & 0 & 0 \\ -1 & 0 & 1 \\ -1 & -1 & 0 \end{vmatrix} = -1$$

Der Index ν im π-Theorem ist also der Rang der Dimensionsmatrix. Im vorliegenden Fall ist $\nu = 3$, und wir erwarten $n - \nu = 5 - 3 = 2$ dimensionslose Gruppen bilden zu können.

Der Rang der Matrix ist vielfach wie in unserem Beispiel gleich der Zeilenanzahl und damit gleich der Anzahl der Grundeinheiten. Liegt der Matrixrang unter der Zeilenanzahl, so bedeutet das einfach, daß die Dimensionsgleichungen nicht unabhängig sind und z.T. vernachlässigt werden können.

Man beachte, daß die Dimensionsgleichungen so angeordnet sind, daß die Matrix aus den drei rechten Spalten der Dimensionsmatrix den Rang ν und eine von Null verschiedene Determinante hat.

Die Dimensionsgleichungen der drei Grundeinheiten schreiben wir nun wie folgt auf:

$$K_1 + K_2 + K_3 = 0 \qquad \text{(für M)}$$
$$2K_1 - K_2 - K_3 + K_5 = 0 \qquad \text{(für L)}$$
$$-2K_1 - 2K_2 - K_3 - K_4 = 0 \qquad \text{(für T).}$$

Da zwei dimensionslose Gruppen zu erwarten sind und wir uns wünschen, daß T und P in verschiedenen Gruppen erscheinen, wollen wir K_3, K_4 und K_5 durch K_1 und K_2, d.h. durch die zu den Variablen T und P gehörigen K's, ausdrücken:

$$K_3 = -K_1 - K_2$$
$$K_4 = -K_1 - K_2 \qquad (7.7)$$
$$K_5 = -3K_1 .$$

Für $K_1 = 2$ und $K_1 = 0$ folgt daraus

$$K_3 = -1$$
$$K_4 = -1$$
$$K_5 = 0.$$

Für $K_2 = 1$ und $K_1 = 0$

$$K_3 = -1$$
$$K_4 = -1$$
$$K_5 = 0.$$

Mit den eben berechneten K-Werten können wir unsere dimensionslosen Gruppen in Matrixform angeben:

	K_1 T	K_2 P	K_3 η	K_4 N	K_5 D
π_1	1	0	−1	−1	−3
π_2	0	1	−1	−1	0

Man beachte nebenbei, daß die Spalten des Gleichungssystems (7.7) die letzten drei Spalten der π-Matrix liefern, die dadurch sofort aufgeschrieben werden kann.

Fassen wir die Matrixelemente zusammen, so erhalten wir

$$\pi_1 = \frac{T}{N\eta D^3}$$
$$\pi_2 = \frac{P}{N\eta}$$

oder

$$\phi(\pi_1, \pi_2) = 0$$

$$\phi\left(\frac{T}{N\eta D^3}, \frac{P}{N\eta}\right) = 0.$$

Historisch wäre ein Variablenansatz üblich, der die Tangentialkraft F am Lagerradius (D/2) und die Belastung W des Lagers mit einbezöge. Wir hätten in unserem Ansatz T und P sehr wohl durch F und W ersetzen können. Als Rechenübung wollen wir aber unsere dimensionslosen Gruppen in eine geläufigere Form bringen.

Da T zu FD (Kraft x Radius) und P zu W/D^2 (Kraft/Fläche) proportional ist, gilt

$$\frac{T}{N\eta D^3} \cdot \frac{N\eta}{P} = \frac{T}{PD^3} = \frac{FD^3}{WD^3} = \frac{F}{W}.$$

Die neuen Gruppen sind F/W und $P/N\eta$. $P/N\eta$ ist die Sommerfeldsche Zahl (*Sommerfeld* war einer der ersten, der auf diesem Gebiet gearbeitet hat), und F/W ist der Reibungskoeffizient.

Nun, da wir uns die Methode erarbeitet haben, wollen wir sie auf ein zweites, vielleicht etwas aktuelleres Beispiel anwenden.

Beispiel 2. Elastohydrodynamische Schmierung

Eine Untersuchung über die Schmierung nicht anpassungsfähiger Oberflächen muß sowohl die elastischen Eigenschaften der betreffenden Körper als auch die Viskosität des Schmiermittels mit einbeziehen. Der extrem hohe Druck in einem Ölfilm, namentlich bei einer Punkt- oder Linienberührung, hat einen starken Einfluß auf die Viskosität des Schmiermittels an der Kontaktstelle. Solche Schmierungen bezeichnet man als *elastohydrodynamisch.*

Für den isothermischen Fall, der z. B. dann gilt, wenn sich Körper aneinander abrollen, nimmt man eine Druck-Viskositäts-Beziehung folgender Art an:

$$\eta = \eta_0 \exp(\alpha p).$$

Dabei ist η_0 die Viskosität außerhalb der Kontaktstelle und α eine Konstante mit der Dimension des reziproken Druckes $1/p$.

Wenn wir eine Dimensionsbeziehung für die Dicke des Schmierfilms aufstellen wollen, müssen wir folgende Variablen als relevant ansehen:

h Dicke des Schmierfilms
w Belastung pro Längeneinheit
u eine Oberflächengeschwindigkeit
α Viskositätskoeffizient
η Viskosität des Schmiermittels
E' Elastizitätsmodul der Materialien
R relativer Radius an der Kontaktstelle

Mit den Grunddimensionen M, L, T erhalten wir folgende Dimensionstafel:

	K_1	K_2	K_3	K_4	K_5	K_6	K_7
	h	w	u	α	η	E'	R
M	0	1	0	−1	1	1	0
L	1	0	1	1	−1	−1	1
T	0	−2	−1	2	−1	−2	0

Die Matrix hat den Rang 3, die Determinante aus den letzten drei Spalten den Wert −1. Die Anordnung der Variablen ist wieder so gewählt, daß wir Gruppen erhalten, die h, w, u und α trennen. Wir erwarten $7 - 3 = 4$ dimensionslose Gruppen.

Die Dimensionsgleichungen lauten:

$$K_2 - K_4 + K_5 + K_6 = 0$$
$$K_1 + K_3 + K_4 - K_5 - K_6 + K_7 = 0$$
$$-2K_2 - K_3 + 2K_4 - K_5 - 2K_6 = 0$$

Drücken wir K_5, K_6 und K_7 durch K_1, K_2, K_3 und K_4 aus, so erhalten wir:

$$K_5 = K_3$$
$$K_6 = - K_2 - K_3 + K_4$$
$$K_7 = - K_1 - K_2 - K_3 .$$

Setzen wir der Reihe nach K_1, K_2, K_3, K_4 gleich eins, die restlichen K's jeweils gleich Null, so können wir die Gruppen sofort angeben:

h	w	u	α	η	E′	R
1	0	0	0	0	0	-1
0	1	0	0	0	-1	-1
0	0	1	0	1	-1	-1
0	0	0	1	0	1	0

$\pi_1 = h/R$ ein Maßstabsparameter
$\pi_2 = W/E'R$ ein Belastungsparameter
$\pi_3 = u\eta/E'R$ ein Geschwindigkeitsparameter
$\pi_4 = \alpha E'$ ein Materialparameter

Natürlich könnte man viele verschiedene Gruppen bilden. Die wir hier ausgewählt haben, sind dieselben, wie sie *Dowson* und *Higginson* [6] bei ihrer Lösung des elastohydrodynamischen Problems benutzt haben. *Halling* zieht in Übereinstimmung mit *Greenwood* [7] folgende Gruppe vor:

$$\frac{h}{R}, \frac{\eta u}{W}, \frac{\alpha W}{R} \text{ und } \frac{E'R}{W} .$$

Jeder dieser Quotienten gehört wieder zu einem physikalischen Effekt (vertikaler Maßstab, hydrodynamischer Auftrieb, Änderung von Viskosität und Elastizität). Natürlich kann das zweite Gruppensystem aus dem ersten abgeleitet werden. Andere Fachleute benützen wieder andere Gruppen; ohne eine mathematische Diskussion der elastohydrodynamischen Schmierung – was nicht unser dringendstes Anliegen ist – können wir aber kein Urteil über die Vor- und Nachteile der einzelnen Systeme abgeben.

Mit Hilfe der Dimensionsanalyse lassen sich noch weit komplexere Situationen als die eben beschriebene erfolgreich behandeln. In der Flüssigkeitsdynamik, wo es viele Probleme gibt, die sich einem streng theoretischen Zugang entziehen, benutzt man die Dimensionsanalyse, um mit sehr großen Variablenzahlen fertig zu werden. Dabei sind viele dimensionslose Gruppen zu Ansehen gekommen, wie etwa die Reynoldsche oder die Machsche Zahl. Wie wir gesehen haben, sind die Grunddimensionen ziemlich frei wählbar; manchmal ist hier etwas Erfahrung von Vorteil. Offenbar ist auch ein gewisses Maß an physikalischer Intuition nötig, wenn es darum geht, am Anfang die richtigen Variablen auszusuchen. Trotzdem ist die Dimensionsanalyse für den Experimentator ein mächtiges Instrument, und was ihr an philosophischer Tiefe abgeht, macht sie an Einfachheit wett. Obwohl wir hier auf diesen Gegenstand nicht näher eingehen wollen, sei vermerkt, daß die Dimensionsanalyse auch als Grundlage für das Testen von Modellen dienen kann. Dieses Problem ist für den Techniker von großer Bedeutung und schon für sich allein einer Untersuchung wert.

8. Analyse von Zeitreihen

Ein Großteil der naturwissenschaftlichen oder technischen Phänomene ist systemlos erscheinenden Änderungen unterworfen, die von der Zeit oder einem anderen Parameter abhängen. Beispiele aus der Technik sind etwa Radiorauschen, Druckschwankungen in Turbulenzen, Höhen von Oberflächenunregelmäßigkeiten, Vibrationen von Fahrzeugaufbauten, jährliche Flutpegel. Da die Schwankungen dieser Phänomene im wesentlichen statistischer Natur sind, wurde vor etwa dreißig Jahren hauptsächlich von Nachrichtentechnikern ein mathematischer Zugang zu ihrer Analyse erarbeitet. Bis vor kurzem wandte man solche Analysen nur auf Analogsignale an, die sich direkt mit elektronischen Analogtechniken behandeln ließen. Die rechnerische Aufbereitung einer statistisch repräsentativen Reihe diskreter Daten war einfach zu aufwendig. Mit dem Aufkommen von Digitalrechnern hat sich dies alles geändert: Zeitreihenanalyse ist in Naturwissenschaft und Technik zu einem alltäglichen Werkzeug geworden. Dieses Kapitel soll in einige elementarere Begriffe des Gegenstandes einführen, deren Behandlung in einem Lehrbuch für Studenten wohl neu ist. Selbst die einfachsten Techniken der Zeitreihenanalyse sind aber so wirkungsvoll, ihre Anwendungsbereiche so vielfältig, daß wir das Gefühl haben, ein modernes Textbuch über Datenanalyse sei ohne sie unvollständig.

8.1. Auto- und Kreuzkorrelation

Betrachten wir das Signal in Bild 8.1a. Oberflächlich erinnert es an Radiorauschen, wie es sich auf dem Schirm eines Oszillographen darstellt. In Wirklichkeit zeigt es einen senkrechten Schnitt durch eine geschliffene Oberfläche, nahezu parallel zur Schleifrichtung, mit einer starken Vergrößerung in der Vertikalen.

Bild 8.1b zeigt einen Schnitt durch dieselbe Oberfläche, diesmal rechtwinklich zur Schleifrichtung. Die beiden Figuren sind offenbar sehr verschieden. In Ermangelung einer präzisen Beschreibungsmöglichkeit könnten wir sagen, daß die erste Figur eine „offenere" Struktur zeigt als die zweite.

Gibt es irgendeine Möglichkeit, diesen Unterschied quantitativer zu beschreiben?

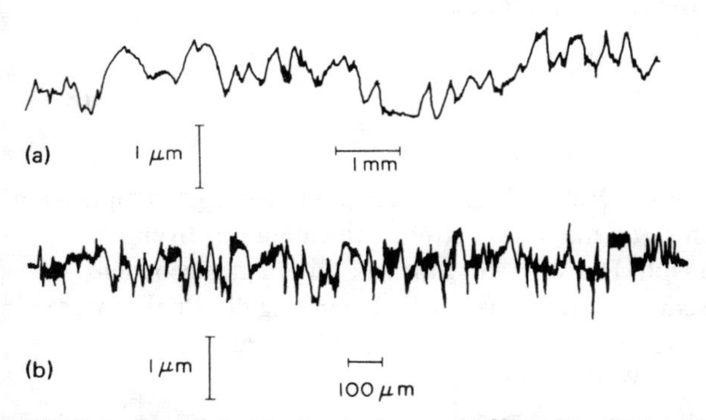

Bild 8.1. Zwei Schnitte durch eine geschliffene Oberfläche (a) fast parallel zum Schliff; (b) rechtwinklig zum Schliff. Die Vertikalausdehnung ist vergrößert.

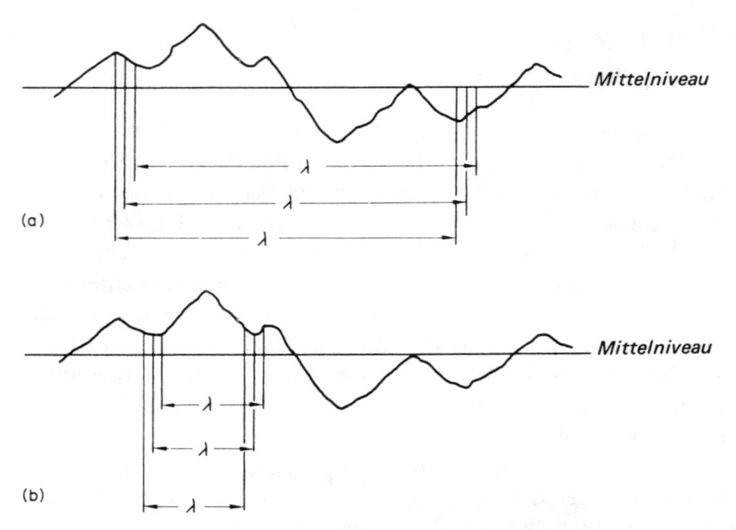

Bild 8.2. Paare von Signalamplituden mit an der Signalschwankung gemessenem (a) großen Abstand (b) kleinen Abstand.

Angenommen, wir zeichnen von dem Mittelniveau der Kurve aus zwei Ordinatenlinien, die voneinander den Abstand λ haben. Ist λ groß (Bild 8.2a), so ist es *unwahrscheinlich,* daß die beiden Linien die Kurve in demselben Wellenberg oder Wellental schneiden. Multiplizieren wir die Abstände der Schnittpunkte von der Mittellinie, so ist ein positiver Wert ebenso wahrscheinlich wie ein negativer. Addieren wir diese Produkte für eine große Zahl solcher Ordinatenpaare, so wird ihr Mittelwert gegen Null streben.

Zeichnen wir dagegen ein Paar von Ordinatenlinien, die eng beieinander liegen, so liegen ihre Schnittpunkte mit großer Wahrscheinlichkeit in demselben Wellenberg oder Wellental (Bild 8.2b). Die Schnittpunktsordinaten tragen also wahrscheinlich das gleiche Vorzeichen, sei es positiv oder negativ, und ihr Produkt ist positiv. Der Mittelwert einer großen Zahl solcher Produkte muß endlich und ebenfalls positiv sein.

Zu gegebener Signallänge L können wir also eine Statistik

$$R_{xx}(\lambda) = \frac{1}{L-\lambda} \int_{0}^{L-\lambda} f(x)\, f(x+\lambda)\, dx \tag{8.1}$$

definieren, die wir physikalisch als eine Art Maßzahl für die Kopplung der Signalamplituden interpretieren können. Sie ändert sich stetig mit λ und strebt von einem positiven Anfangswert für $\lambda = 0$ allmählich gegen Null. Der Wert der Statistik für einen gegebenen Abstand λ ist ein Maß für die durchschnittliche physikalische Kopplung der Punktepaare mit diesem Abstand; die Länge λ, für welche die Statistik unsignifikant zu werden beginnt, mißt die Durchschnittsgröße eines Wellenberges.

Die Form der Statistik $R_{xx}(\lambda)$, auf die wir intuitiv gekommen sind, erinnert an den Begriff der Kovarianz aus Kapitel 6. In der Tat definiert die Gl. (8.1) die sog. *Auto-*

kovarianzfunktion. Ihr Wert für $\lambda = 0$ ist die Varianz, d.h. das Mittel der Amplitudenquadrate des Signals (für ein elektrisches Signal, die mittlere Leistung).

$$R_{xx}(0) = \frac{1}{L} \int_0^L \{f(x)\}^2 \, dx \tag{8.2}$$

$$= \sigma_x^2. \tag{8.3}$$

$R_{xx}(\lambda)$ wird in denselben Einheiten wie die Amplitudenquadrate gemessen und kann jeden endlichen Wert annehmen. Für eine Maßzahl, die dazu dienen soll, die Eigenschaften von Signalen verschiedener Stärke zu vergleichen, ist dies ein Nachteil. Es ist daher günstiger, unsere Maßzahl durch die Varianz zu dividieren und auf diese Weise dimensionslos zu machen.

$$\rho_{xx}(\lambda) = \frac{R_{xx}(\lambda)}{\sigma_x^2} \tag{8.4}$$

$$= \frac{1}{\sigma_x^2 (L - \lambda)} \int_0^{L-\lambda} f(x)\, f(x + \lambda)\, dx \tag{8.5}$$

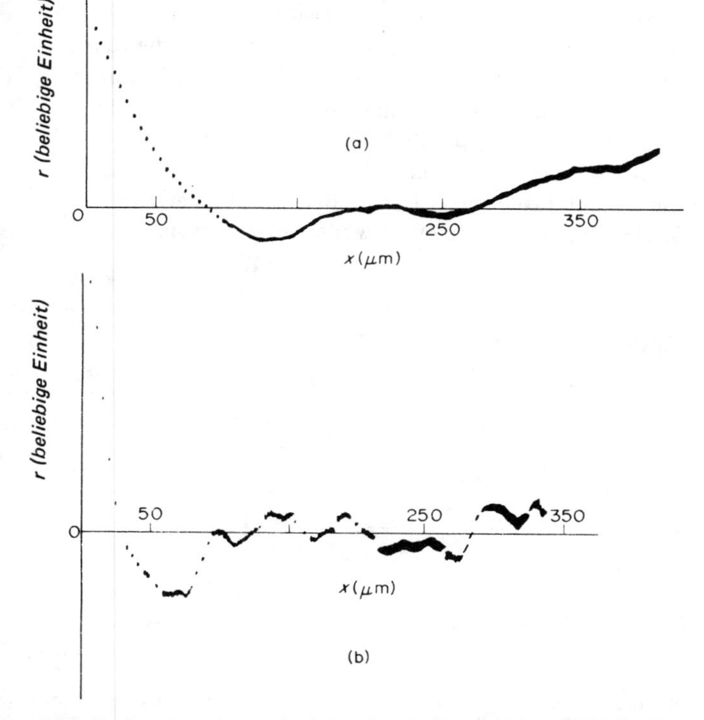

Bild 8.3. Autokorrelationsfunktion für die Signale (a) aus Bild 8.1a und (b) aus Bild 8.1b

Die Gl. (8.5) definiert die *Autokorrelationsfunktion.* Der *Autokorrelationskoeffizient* $\rho_{xx}(\lambda)$ bewegt sich für alle λ und jedes Signal zwischen -1 und $+1$.

Die Bilder 8.3a und 8.3b zeigen die Autokorrelationsfunktionen für die Signale aus Bild 8.1a und Bild 8.1b (die praktischen Probleme der Berechnung wollen wir für den Augenblick beiseite lassen). Wir sehen, daß die Autokorrelationsfunktion die beiden Schnitte klar unterscheiden kann: die Korrelation zweier Höhen, die rechtwinklig zum Schliff gemessen sind, sinkt mit wachsendem Abstand der Messungen sehr viel stärker als die Korrelation parallel zum Schliff gemessener Höhenpaare. Dies deckt sich mit unserer Anschauung.

Noch nützlicher ist die Fähigkeit der Autokorrelationsfunktion, eine sehr kleine periodische Schwankung von einem Hintergrund zufälliger Schwankungen mit sehr viel größeren Amplituden auszusondern. Ein Nachrichtentechniker würde dies als Trennfähigkeit gegen ein hohes Signal-Rausch-Verhältnis bezeichnen. Die Autokorrelationsfunktion einer reinen Sinuswelle ist selbst eine Kosinuswelle mit der gleichen Periodenlänge; die Autokorrelationsfunktion einer Sinuswelle, die völlig durch Rauschen verdeckt ist, wird immer noch dieselben periodischen Schwankungen zeigen, wie die ursprüngliche Sinuswelle – eine Eigenschaft, die man sich in der Nachrichtentechnik häufig zunutze macht.

Bild 8.4 zeigt einen anderen Anwendungsbereich: Ein Schnitt durch eine maschinell bearbeitete Oberfläche wirkt für unser Auge rein zufällig gestaltet. Die Autokorrelationsfunktion zeigt jedoch eine ausgesprochene Periodizität. Für den Techniker könnte dies ein wertvoller Hinweis auf eine ungewollte Vibration in der Maschine sein.

Zeitreihen brauchen nicht, wie in den besprochenen Fällen, stetig zu sein. Ist die Reihe diskret, so kann man eine diskrete Version der Gl. (8.5) anwenden. Tatsächlich werden stetige Signale zur Vereinfachung der Rechnung häufig diskretisiert. Tabelle 8.1 zeigt ein ziemlich ungewöhnliches Beispiel einer diskreten Zeitreihe [8]. Es sind die Ergebnisse eines Experimentes, in dem ein Student versuchte, eine Folge von zwanzig computererzeugten Zufallszahlen zwischen 0 und 9 zu erraten. Die Spalten 1 und 4 der Tabelle zeigen die Vermutungen des Studenten, die wir x nennen wollen, einerseits und die

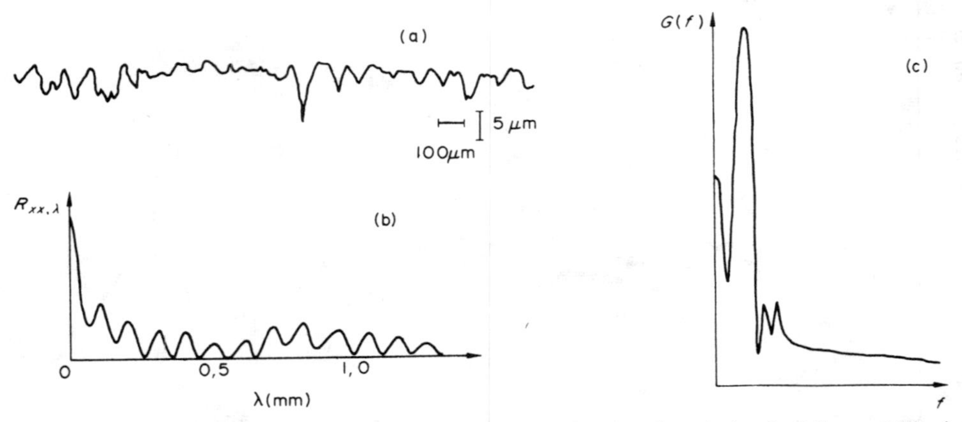

Bild 8.4. (a) Schnitt durch eine überdrehte Oberfläche. (b) Die Autokorrelationsfunktion enthüllt eine versteckte Periodizität von (a). Das Leistungs-Spektrum zeigt die tatsächlichen Periodizitätsfrequenzen [10].

Zahlen des Computers, die wir mit y bezeichnen, andererseits. Die Autokovarianzen wurden für Intervalle $j\,(j \equiv \lambda)$ von 0,1 und 2 berechnet.

$$R_{xx}(j) = \frac{1}{20-j} \sum_{i=1}^{20-j} (x_i - \bar{x})(x_{i+j} - \bar{x})$$

$$R_{yy}(j) = \frac{1}{20-j} \sum_{i=1}^{20-j} (y_i - \bar{y})(y_{i+j} - \bar{y}). \qquad (8.6)$$

$$(j = 0, 1, 2)$$

Tabelle 8.1. Die Vermutungen x der Versuchsperson über 20 Zufallszahlen y: Berechnung der Auto- und Kreuzkorrelationskoeffizienten für den Abstand 2.

x	$x-\bar{x}$	$(x_i-\bar{x})\cdot(x_{i+2}-\bar{x})$	y	$(y-\bar{y})$	$(y_i-\bar{y})\cdot(y_{i+2}-\bar{y})$	$(x_i-\bar{x})\cdot(y_{i+2}-\bar{y})$
9	4,5		0	−4,55		
8	3,5		2	−2,55		
7	2,5	11,25	3	−1,55	7,0525	−6,975
6	1,5	5,25	3	−1,55	3,9525	−5,425
5	0,5	1,25	7	2,45	−3,7975	6,125
4	−0,5	−0,75	4	−0,55	0,8525	−0,825
3	−1,5	−0,75	7	2,45	6,0025	1,225
2	−2,5	1,25	8	3,45	−1,8975	−1,725
1	−3,5	5,25	7	2,45	6,0025	−3,675
0	−4,5	11,25	3	−1,55	−5,3475	3,875
0	−4,5	15,75	3	−1,55	−3,7975	5,425
1	−3,5	15,75	4	−0,55	0,8525	2,475
2	−2,5	11,25	7	2,45	−3,7975	−11,025
3	−1,5	5,25	2	−2,55	1,4025	8,925
4	−0,5	1,25	9	4,45	10,9025	−11,125
5	0,5	−0,75	5	0,45	−1,1475	−6,075
6	1,5	−0,75	4	−0,55	−2,4475	0,275
7	2,5	1,25	7	2,45	1,1025	1,225
8	3,5	5,25	6	1,45	−0,7975	2,175
9	4,5	11,25	0	−4,55	−11,1475	−11,375
90		99,50	91		3,945	−21,1

$$\bar{x} = \frac{\Sigma x}{n} = \frac{90}{20} = 4{,}50 \qquad \bar{y} = \frac{\Sigma y}{n} = \frac{91}{20} = 4{,}55$$

$$\sigma_x^2 = \frac{\Sigma (x-\bar{x})^2}{n} = \frac{165}{20} = 8{,}25 \qquad \sigma_y^2 = \frac{\Sigma (y-\bar{y})^2}{n} = \frac{128{,}95}{20} = 6{,}4475$$

$$\rho_{xx}(2) = \frac{\Sigma (x_i-\bar{x})(x_{i+2}-\bar{x})}{(n-2)\,\sigma_x^2} = \frac{99{,}50}{18 \cdot 8{,}25} = 0{,}6700 \qquad \rho_{yy}(2) = \frac{\Sigma (y_i-\bar{y})(y_{i+2}-\bar{y})}{(n-2)\,\sigma_y^2} = \frac{3{,}945}{18 \cdot 6.4475} = 0{,}0340$$

$$\rho_{xy}(2) = \frac{\Sigma (x_i-\bar{x})(y_{i+2}-\bar{y})}{(n-2)\,\sigma_x\,\sigma_y} = \frac{-21{,}1}{18\,(8{,}25 \cdot 6{,}4475)^{1/2}} = -0{,}1607.$$

Die Spalten 3 und 6 in der Tabelle enthalten die Produkte der Reste für $j = 2$, die zur Berechnung der Autokovarianzen für den Abstand 2 benützt werden. Die Autokovarianz von x vergleicht Paare aufeinanderfolgender Vermutungen; eine hohe Autokovarianz deutet darauf hin, daß die Versuchsperson bewußt oder unbewußt nach einem Ratemuster vorging. Die Autokovarianz von y vergleicht Paare aufeinanderfolgender Zufallszahlen, wie sie der Algorithmus erzeugt; hier würde ein hoher Wert anzeigen, daß die Zahlen nicht zufällig genug sind.

Nun war es aber Zweck des Experimentes, abzuschätzen, inwieweit die Versuchsperson die Fähigkeit hat, die Zahlen des Computers vorherzusagen. Wir brauchen also einen Parameter, der die zwei Zeitreihen vergleichen kann. Am Beispiel früherer Berechnungen könnte uns der Gedanke kommen, die Kreuzprodukte der Reste aufzusummieren:

$$R_{xy}(j) = \frac{1}{20-j} \sum_{i=1}^{20-j} (x_i - \bar{x})(y_{i+j} - \bar{y}). \tag{8.7}$$

Wir würden damit Paare von Werten von x und y vergleichen. Für die Nullverschiebung wäre unsere Summe natürlich einfach die Kovarianz von x und y (s. Kapitel 6),

$$R_{xy}(0) = \frac{1}{20} \sum_{i=1}^{20} (x_i - \bar{x})(y_i - \bar{y}) = \sigma_{xy}^2 \tag{8.8}$$

die uns eine ausgezeichnete Information über den Erfolg der Vorhersage liefern würde.

Die Statistiken für die Verschiebungen 1 und 2 würden die Fähigkeit der Versuchsperson beschreiben, die Computerergebnisse einen bzw. zwei Schritte vorherzusagen.

$R_{xy}(j)$ heißt die *Kreuzkovarianz*. Durch Division mit dem Produkt der beiden Einzel-Standardabweichungen erhalten wir den dimensionslosen Ausdruck:

$$\rho_{xy}(j) = \frac{R_{xy}(j)}{\sigma_x \sigma_y}. \tag{8.9}$$

Die Gl. (8.9) definiert den sog. *Kreuzkorrelationskoeffizienten.* Die Autokorrelationskoeffizienten werden analog zur Gl. (8.4) für den stetigen Fall gebildet:

$$\rho_{xx}(j) = \frac{R_{xx}(j)}{\sigma_{xx}^2} \tag{8.10}$$

$$\rho_{yy}(j) = \frac{R_{yy}(j)}{\sigma_{yy}^2}. \tag{8.11}$$

Die Tabelle 8.2 zeigt alle neun Korrelationskoeffizienten zu den Verschiebungen 0, 1 und 2. Man beachte, daß beide Autokorrelationskoeffizienten für die Verschiebung 0 den Wert 1 annehmen. Der hohe Wert von $\rho_{xx}(1)$ deutet darauf hin, daß die Versuchsperson tatsächlich ein Ratesystem benutzt hat; der niedrige Wert von $\rho_{yy}(1)$ ist ein ausreichender Beweis dafür, daß der Generator wirklich Zufallszahlen erzeugt. Aus den Werten der Kreuzkorrelation ergibt sich keinerlei Anhaltspunkt dafür, daß die Versuchsperson irgendwie in der Lage wäre, die Computerzahlen vorherzusagen. Zumindest für die Hersteller von Spielautomaten ist dies ein glückliches Ergebnis.

Tabelle 8.2. Auto- und Kreuzkorrelationskoeffizienten für die Daten aus Tabelle 8.1.

Verschiebung j	$\rho_{xx}(j)$	$\rho_{yy}(j)$	$\rho_{xy}(j)$
0	1,0	1,0	− 0,37
1	0,87	0,05	− 0,24
2	0,67	0,03	− 0,16

Anhand von Beispielen haben wir auf einfache Weise den Begriff der Kreuzkorrelation zwischen zwei Zeitreihen eingeführt, der überaus vielfältig anwendbar ist.

Für zwei Funktionen x und y, die stetig von der Zeit abhängen, lautet die stetige Version der Gl. (8.7).

$$R_{xy}(\lambda) = \frac{1}{L-\lambda} \int_0^{L-\lambda} x(t)\, y(t+\lambda)\, dt. \tag{8.12}$$

Die Kreuzkorrelationsfunktion ist wie folgt definiert:

$$\rho_{xy}(\lambda) = \frac{R_{xy}(\lambda)}{\sigma_x\, \sigma_y} = \frac{1}{\sigma_x\, \sigma_y\, (L-\lambda)} \int_0^{L-\lambda} x(t)\, y(t+\lambda)\, dt. \tag{8.13}$$

Die Kreuzkorrelationsfunktion kann maximal den Wert 1 annehmen, sie muß diesen Wert aber nicht für $\lambda = 0$ erreichen. Sind zwei Zeitreihen voneinander völlig unabhängig, so braucht die Kreuzkorrelationsfunktion nirgends signifikant von Null verschieden zu sein. Daraus folgt, daß ein deutliches Maximum oder Minimum einer Kreuzkorrelationsfunktion darauf hinweist, daß die verglichenen Zeitreihen nicht unabhängig sind. Die Verschiebung λ, bei der diese Unregelmäßigkeit auftritt, ist ein Maß für die zeitliche Abhängigkeit der Ereignisse in den beiden Zeitreihen.

Kommt ein gesättigter Dampf mit einer kalten und glatten senkrechten Fläche in Berührung, so bildet sich ein Kondensationsfilm, der in Wellen von zufälliger Amplitude und Wellenlänge an der Fläche herabgleitet. Da sich die Filmdicke bezüglich Amplitude und Wellenlänge zufällig ändert, ist ihre durchschnittliche Fließgeschwindigkeit mit herkömmlichen Methoden nur schwer zu bestimmen. Ist die vertikale Fläche jedoch eine Glasplatte, durch die ein Lichtstrahl hindurchgesandt wird, so ist die durch eine Photozelle registrierte Abschwächung dieses Strahles ein Maß für die momentane Filmdicke. Die Abbildungen 8.5a und b zeigen die zeitabhängigen Zustände zweier Photozellen, die zu zwei übereinander angeordneten Lichtstrahlen gehören. Da die zufälligen Unregelmäßigkeiten des Films abwärts gleiten, werden sie die beiden Strahlen der Reihe nach passieren und abschwächen. Veränderungsmuster am oberen Beobachtungspunkt haben also die Neigung, sich wenige Augenblicke später am unteren Strahl zu wiederholen. Dieser Effekt zeigt sich als Gipfel in der Kreuzkorrelationsfunktion (Bild 8.5c).

Der zeitliche Abstand des Gipfels vom Ursprung mißt die Durchgangszeit einer Störung vom oberen bis zum unteren Strahl. Da der Abstand der beiden Lichtquellen bekannt ist,

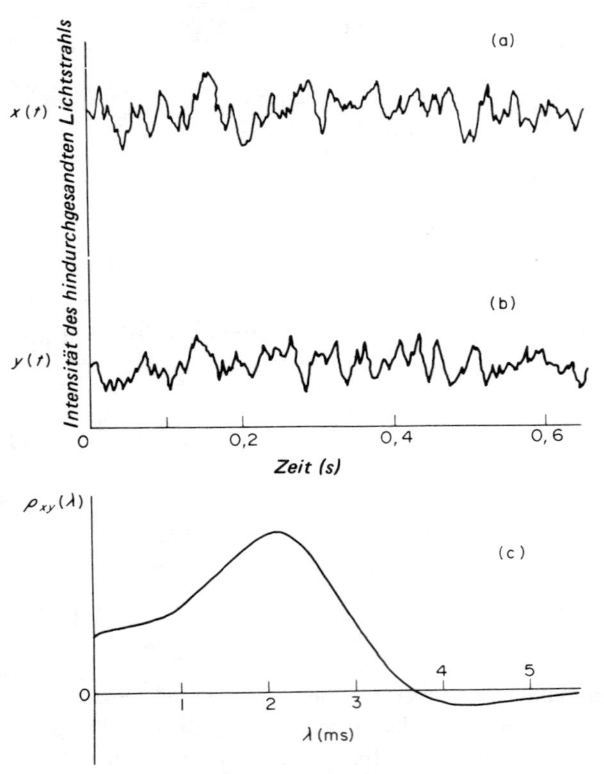

Bild 8.5. Zustände der (a) oberen, (b) unteren Photozelle bei der Messung der Kondensationsfilmdicke. (c) Kreuzkorrelationsfunktion von (a) mit (b); der Abstand des Gipfels vom Zeitursprung gibt die mittlere Durchgangsgeschwindigkeit einer herabgleitenden Welle an.

kann die mittlere Ausbreitungsgeschwindigkeit der Welle sofort berechnet werden. Solche Messungen sind auf jede andere Art nur sehr schwer durchführbar [9].

8.2. Leistungsspektren

Es ist eine vertraute Tatsache, daß sich jedes periodische Signal, wie kompliziert seine Wellenform auch sei, mittels Fourieranalyse als Summe einer Anzahl reiner Sinusschwingungen darstellen läßt. Wegen der Vielzahl beteiligter Schwingungen ist auch die Zahl der Fourierglieder, die in der Praxis zur Beschreibung eines zufälligen Signals nötig sind, sehr groß. Würden wir die Amplituden der Fourierschwingungen in Abhängigkeit von den Frequenzen aufzeichnen, so hätte der Graph das Aussehen einer stetigen Verteilung (Abb. 8.6a).

In Anlehnung an andere stetige Frequenzverteilungen (Licht, Schall) wollen wir diese Formation als *Spektrum,* in vorliegendem Fall als Amplitudenspektrum, bezeichnen. Begreiflicherweise liefert ein solches Spektrum wertvolle Informationen über die Anwesenheit oder das Fehlen bestimmter Frequenzen, die uns interessieren könnten.

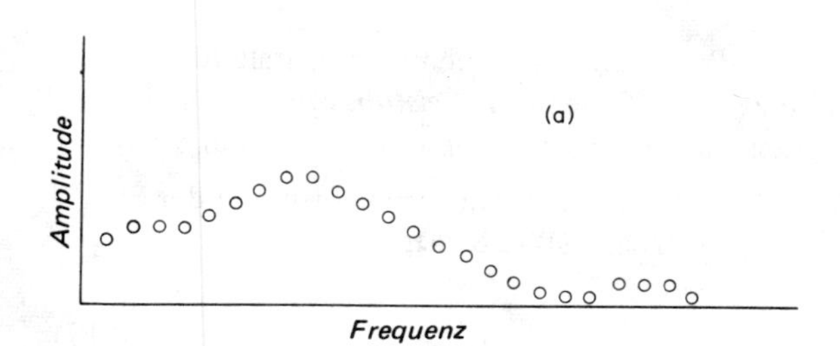

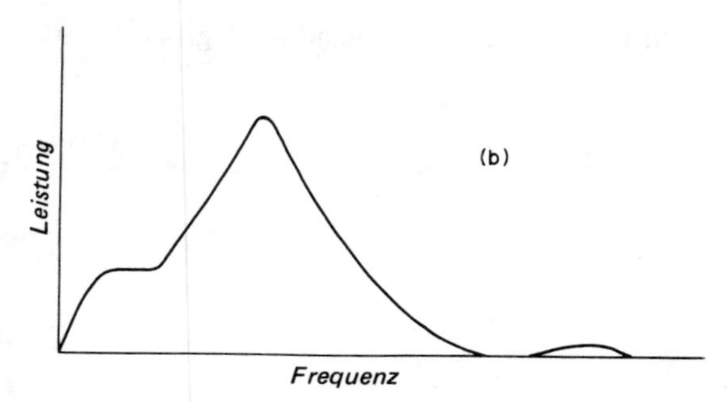

Bild 8.6. (a) Amplitudenspektrum; jeder Punkt steht für ein Fourierglied.
(b) Zugehöriges stetiges Leistungs-Spektrum.

Leider ist der Rechenaufwand zur Bestimmung einer großen Zahl von Fouriergliedern sogar für einen Computer viel zu groß, um eine Analyse dieser Art praktikabel erscheinen zu lassen. Angenommen wir würden aber statt der Amplitude einer bestimmten Frequenz die Leistung über einen kleinen Frequenzbereich von f bis $f + \Delta f$ betrachten:

$$P(f, \Delta f) = \frac{1}{L} \int_0^L x^2(t, f, \Delta f)\, dt \tag{8.14}$$

Dabei bezeichnet $x(t, f, \Delta f)$ den Anteil von $x(t)$, dessen Frequenzen zwischen f und $f + \Delta f$ liegen. Strebt Δf gegen den Limes df, so können wir analog zur Wahrscheinlichkeitsdichte eine Funktion $G(f)$ einführen, deren Produkt mit df als Leistung interpretiert werden kann.

$$G(f)\, df = \lim_{\Delta f \to df} P(f, df) \tag{8.15}$$

Wenn wir $G(f)$ berechnen könnten, hätten wir eine Information über die Frequenzverteilung, die für unsere Zwecke mit der Aussage eines Amplitudenspektrums gleichwertig wäre. Tatsächlich ist $G(f)$ genau die Fourier-Transformierte der Autokovarianzfunktion

$$G(f) = 4 \int_0^\infty R_{xx}(\lambda) \cos 2\pi f\lambda\, d\lambda \tag{8.16}$$

Die Gl. (8.16) – die sog. *Wiener-Chintchin-Beziehung* – ist eine fundamentale Identität in der Theorie der zufallsgesteuerten Prozesse. G(f) heißt die *Leistungsspektraldichte,* ihre Abhängigkeit von der Frequenz bezeichnen wir als *Leistungsspektrum* (Bild 8.6b).

Die Fläche unter dem Leistungsspektrum zwischen zwei Frequenzen entspricht der gesamten verfügbaren Leistung in diesem Frequenzband (Bild 8.7a).

$$\sigma_x^2 \,|_{f_1 - f_2} = \int_{f_1}^{f_2} G(f)\, df. \tag{8.17}$$

Die Gesamtfläche unter dem Leistungsspektrum ist der Leistungsinhalt des Signals.

$$\sigma_x^2 = \int_0^{\infty} G(f)\, df. \tag{8.18}$$

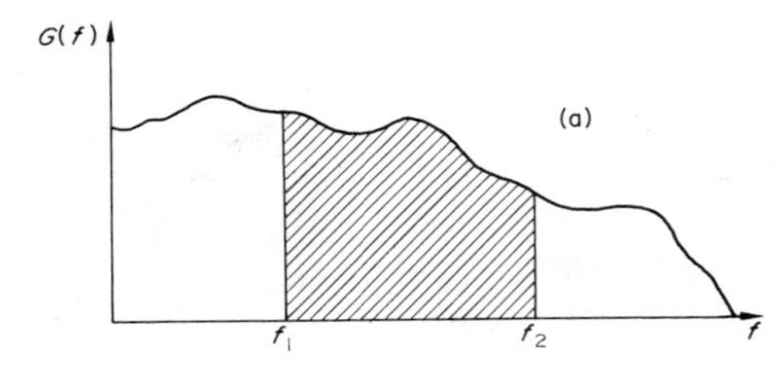

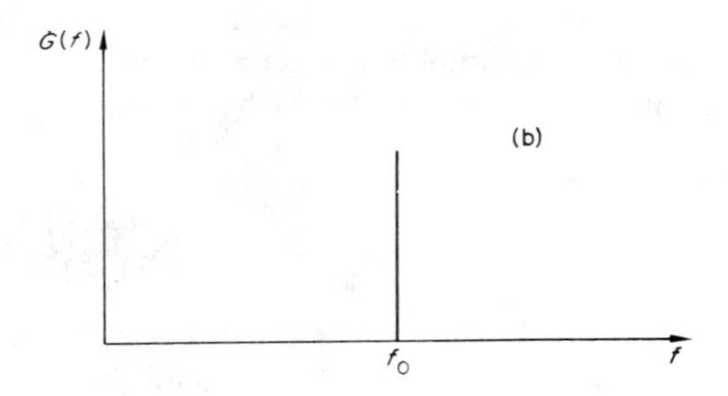

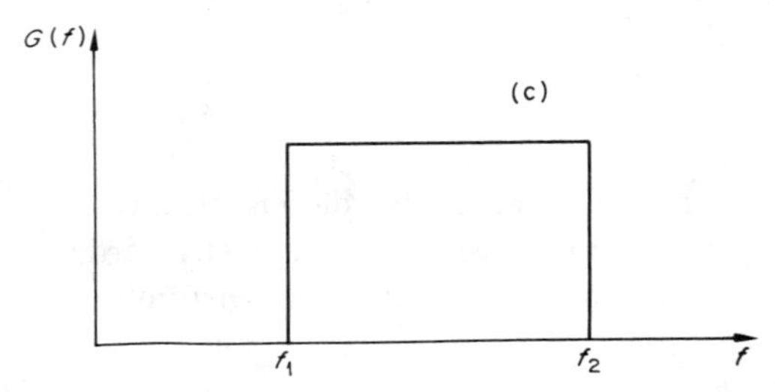

Bild 8.7. Leistungsspektren. (a) Die schraffierte Fläche zeigt den Leistungsinhalt der Signalfrequenzen zwischen f_1 und f_2. (b) Leistungsspektrum einer reinen Sinusschwingung der Frequenz f.
(c) Leistungsspektrum für ein weißes Rauschband zwischen den Frequenzen f_1 und f_2.

Zwei spezielle Leistungsspektren verdienen besondere Beachtung. Ein Signal, das aus einer einzelnen reinen Sinusschwingung besteht muß natürlich seine gesamte Leistung in einer einzigen Frequenz präsentieren. Sein Leistungsspektrum besteht deshalb nur aus einem Band von infinitesimaler Breite, ist also eine Diracsche Deltafunktion (Bild 8.7b).

Das andere Extrem ist ein Signal, an dem alle Frequenzen von Null bis unendlich mit derselben Leistung beteiligt sind. Ein solches Signal nennt man *weißes Rauschen*; sein Leistungsspektrum ist eine Parallele zur Frequenzachse. Ein weißes Rauschen kann in der Praxis nicht realisiert werden, es ist nur zwischen einer oberen und einer unteren Frequenzgrenze herstellbar. In diesem Fall spricht man von einem *weißen Rauschband* (Bild 8.7c).

Als praktisches Anwendungsbeispiel eines Leistungsspektrums wollen wir wieder die maschinell bearbeitete Oberfläche aus Bild 8.4 betrachten. Mit Hilfe der Autokorrelationsfunktion haben wir bereits eine Periodizität festgestellt. Das Leistungsspektrum in Bild 8.4c zeigt zwei Gipfel, die zweifelsfrei zu zwei Resonanzfrequenzen im Bearbeitungsprozeß gehören. Die Kenntnis dieser Frequenzen sollte dem Techniker helfen, ihre Quelle zu identifizieren und auszuschalten.

8.3. Meßtechnische Vorsichtsmaßregeln

Die Meßtechnik zufälliger Prozesse ist schon für sich allein ein sehr weitläufiges Gebiet. Wir wollen uns auf die Behandlung einiger weniger naheliegender Probleme beschränken. Damit der mathematische Apparat des vorigen Abschnittes überhaupt anwendbar ist, sollte ein Signal sowohl *stationär* als auch *ergodisch* sein. Bei einem ergodischen Signal haben alle Stichproben einer bestimmten Länge statistisch gesehen dieselben Eigenschaften. Jedes ergodische Signal ist auch stationär. *Nichtstationär* sind hauptsächlich diejenigen Zufallsprozesse, deren Versuchsbedingungen sich während der Meßperiode ändern. Ihre Behandlung erfordert spezielle Methoden, die hier zu weit führen würden. Glücklicherweise können sehr viele wissenschaftlich und technisch interessante Prozesse als ergodisch angesehen werden.

Die ersten wirklichen Berechnungen für zufällige Signale wurden mit Analoginstrumenten durchgeführt. Für Korrelationsfunktionen benützte man Tonbandgeräte mit zwei Tonköpfen, deren Abstand veränderlich war, für Leistungsspektren Effektiv-Voltmeter (r.m.s.-Voltmeter) mit schmalen Bandfiltern. Seit dem Aufkommen von Digitalrechnern ging man jedoch immer mehr dazu über, stetige Signale entweder on-line zum Computer oder in einem Aufnahmegerät zu diskretisieren, um sich die Leistungsfähigkeit und die Möglichkeiten der großen Maschinen zunutze zu machen. In noch jüngerer Zeit kamen Hybridcomputer auf den Markt – tragbare Geräte, die direkt an das Signal angeschlossen werden können und die teils mit Analog- und teils mit Digitalrechnung arbeiten.

Es sollte unbedingt Klarheit darüber bestehen, daß ein Analog-Digital-Übergang (ADC von analogue-to-digital conversion) der oben beschriebenen Art kein vollkommen unkomplizierter Vorgang ist. Das häufigste und schwierigste Problem liegt in der Wahl des richtigen *Stichprobenintervalles.* Der ADC-Prozeß mißt den (nahezu) momentanen Wert des Signals für eine große Zahl gleicher diskreter Zeitintervalle. So erhält der Computer eine diskrete Zahlenfolge, die zusammengesetzt eine Darstellung des ursprünglichen Signals ergibt. Was dabei passieren kann, zeigt am besten das Bild 8.8 in dem ein Signal mit zwei

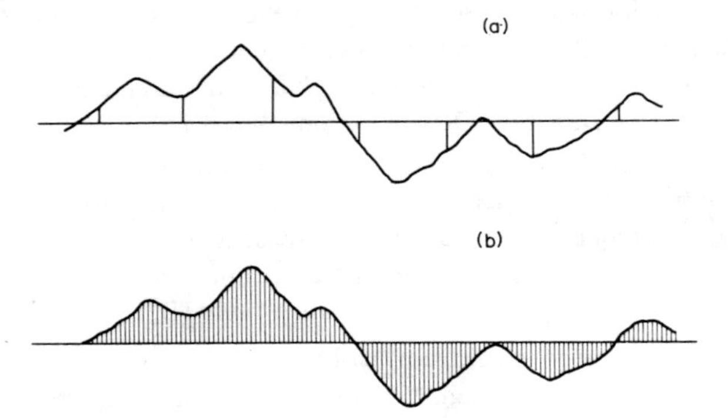

Bild 8.8. Zwei verschiedene Diskretisierungen eines Signals beim ADC-Prozeß. (a) Der Stichprobenabstand ist zu groß – die höheren Frequenzen gehen verloren. (b) Das Stichprobenintervall ist zu klein – die Daten sind redundant.

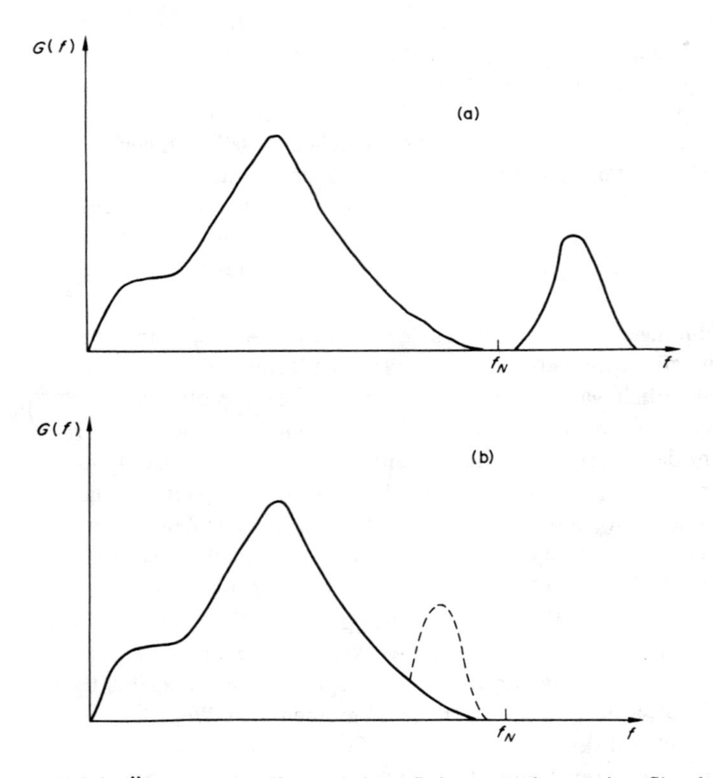

Bild 8.9. Überlappungseffekt bei einem Leistungsspektrum eines Signals, das mit der Nyquist-Frequenz f_N diskretisiert wurde.

verschiedenen Intervallängen diskretisiert wird. Im ersten Fall ist das Stichprobenintervall offensichtlich zu groß, so daß die Information über die höchsten Frequenzen verlorengeht (oder, was noch gefährlicher ist, falsch gedeutet wird).

Im zweiten Fall ist das Stichprobenintervall zu klein, und der Computer wird mit einer Menge redundanter Information belastet. Dies mag unwesentlich erscheinen, aber Zeitreihenanalyse ist selbst für große Maschinen eine zeitintensive Prozedur, und wenn eine Vielzahl von Daten, alle mit redundanter Information, durchgerechnet wird, so ist dies ein kostspieliger Fehler.

Wird ein Signal mit gleichen Stichprobenintervallen der Länge λ_0 diskretisiert, so ist die höchste Frequenz, die der Computer in der Folge auffinden kann, die sog. *Nyquist-Frequenz.*

$$f_N = \frac{1}{2\lambda_0} . \tag{8.19}$$

Höhere Frequenzen, die möglicherweise im Signal enthalten sind, werden leider nicht herausgefiltert und erscheinen stattdessen bei niedrigeren Frequenzen als Scheinleistungen. Dieser *Überlappungseffekt (Aliasing)* kann zu großen Fehldeutungen von Leistungsspektren führen (Bild 8.9).

Das Problem kann durch Verkleinerung der Stichprobenintervalle gelöst werden, was allerdings ein Anwachsen des Datenmaterials für die gegebene Stichprobenlänge mit sich bringt und so die Rechnung verlängert und verteuert. Oft läßt auch die zur Verfügung stehende Ausrüstung eine solche Lösung nicht zu. Eine zweite Möglichkeit wäre, das Signal vor der Diskretisierung durch einen Analog-Tiefpaßfilter gehen zu lassen, dessen Grenzfrequenz gerade die Nyquist-Frequenz ist. Diese Lösung wird allgemein bevorzugt. Natürlich muß man sich vergewissern, daß die verlorengegangenen Frequenzen keine für den Versuch wesentliche Information enthalten.

8.4. Berechnungsmethoden

Mit dem Wissen aus den letzten Abschnitten können wir uns auf Zeitreihen beschränken, die entweder von Anfang an diskret waren (wie im Bsp. aus 8.1) oder die mit den oben beschriebenen Methoden diskretisiert wurden. Leider lassen sich schon Korrelationsfunktionen nur in den allereinfachsten Fällen von Hand berechnen; an die Handrechnung von Leistungsspektren ist gar nicht zu denken. Deshalb wollen wir für den Rest dieses Kapitels annehmen, daß uns ein Digitalrechner zu Verfügung steht.

Zunächst werden unsere Daten noch auf einen beliebigen Nullpunkt bezogen sein. Es erweist sich als vorteilhaft, dieses Nullniveau von vornherein in das Amplitudenmittel des Signals zu legen. Ist das Signal, wie wohl zu erwarten ist, zeitabhängig, so sollte die Aufbereitung der Daten damit beginnen, daß durch die Werte eine Ausgleichsgerade (wenn nötig ein Ausgleichspolynom) gelegt wird, um einen Aufwärts- oder Abwärtstrend zu beseitigen (Bild 8.10).

Die Berechnung der Auto- und Kreuzkorrelationsfunktionen mit Hilfe der diskreten Version der Gl. aus 8.1 stellt keine Probleme. Die maximale Verschiebung $m (j = 0, 1, \ldots, m)$ sollte als Faustregel aber nicht größer sein als ein Zehntel der Stichprobenlänge, da die späteren Werte sonst nicht ganz verläßlich sein könnten.

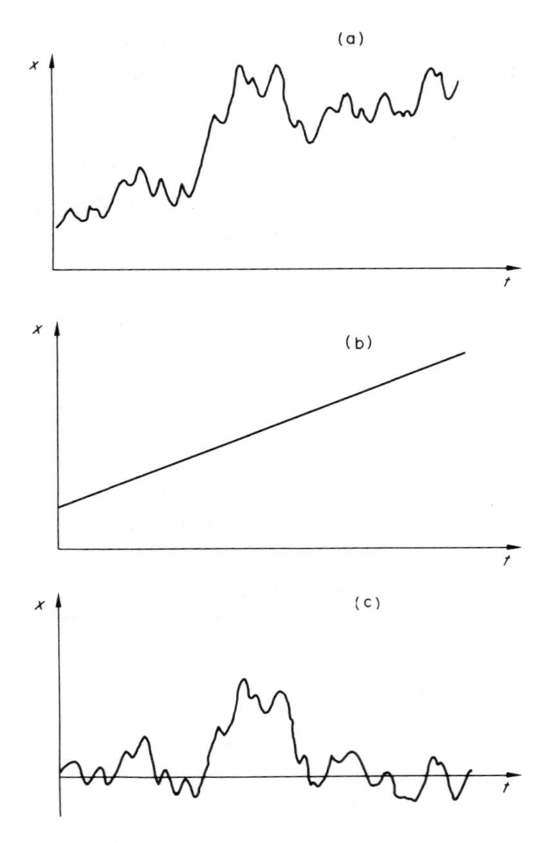

Bild 8.10. Trendbeseitigung bei einem Signal durch Geradenausgleichung nach der Methode der kleinsten Quadrate. (a) Unbearbeitetes Signal. (b) Ausgleichsgerade at + b. (c) Signal nach der Trendbeseitigung: x (t) – (at + b).

Für die Berechnung eines Leistungsspektrums ist ein gewisses Wohlverhalten der zugehörigen Autokorrelationsfunktion Voraussetzung. Ist das Intervall, in welchem die Autokorrelationsfunktion gegen Null absinkt, von der Größenordnung der maximalen Verschiebung, so ist bei den niederen Frequenzen zu viel Leistung präsent und das Leistungsspektrum liefert keine genaue Aussage. Enthalten die niederen Frequenzen des Signals eine wesentliche Information, so bleibt nichts anderes, als die Messung mit größerer Stichprobenlänge zu wiederholen. Ist dies nicht der Fall, so kann man die niederen Frequenzen durch einen Hochpaß-*Digitalfilter* unterdrücken. Die damit zusammenhängenden Fragen sind wieder zu vielschichtig, um hier im einzelnen behandelt zu werden. Wir erwähnen nur, daß Digitalfilter im Prinzip (und oft auch in der Praxis) den entsprechenden Analogfiltern überlegen sind, da sie nicht physikalisch realisierbar zu sein brauchen.

Die Berechnung des Leistungsspektrums ist etwas komplizierter als die der Korrelationsfunktionen, da die rohe Schätzung geglättet werden muß, um das vom endlichen Stichprobenumfang verursachte „Rauschen“ zu beseitigen. Wir wollen hier nur das Endergebnis angeben: Es stellt sich heraus, daß die Leistungsspektraldichte nur für m diskrete Frequenzen berechnet werden kann, die zu m Werten der Autokorrelationsfunktion gehören. Für die k-te Frequenz

$$f_k = \frac{kf_N}{m} \; (k = 1, 2, \ldots m) \tag{8.20}$$

erhalten wir

$$G(f_k) = 2\lambda_0 \left\{ R_{xx}(0) + 2 \sum_{j=1}^{m-1} \frac{R_{xx}(j)}{2} \left(1 + \cos\frac{\pi j}{m}\right)\left(\cos\frac{\pi jk}{m}\right)\right\}. \tag{8.21}$$

Diese langwierige Berechnung wird immer mehr durch die sehr viel kürzere sog. „schnelle Fourier-Transformation“ (*FFT* von *fast Fourier-transformation*) verdrängt, die unmittelbar am Signal ansetzt. Die Theorie der FFT ist jedoch alles andere als einfach, und wir müssen den daran interessierten Leser auf die Fachliteratur verweisen.

9. Weitere statistische Verteilungen und Begriffe

Nachdem wir uns bisher hauptsächlich mit stetigen Merkmalsvariablen beschäftigt haben, wollen wir unsere Aufmerksamkeit nun auf eine Reihe von Verteilungen richten, die geeignet sind, das Verhalten stetiger Daten zu beschreiben.

9.1. Binomialverteilung

Das wichtigste technische Anwendungsgebiet dieser Verteilung dürfte die statistische Qualitätskontrolle sein. Dieser Gegenstand wird in den meisten Lehrbüchern über angewandte Statistik ausführlichst behandelt und soll hier nicht ins Detail verfolgt werden. Da die Binomialverteilung jedoch ein Eckpfeiler der Wahrscheinlichkeitstheorie ist, dürfte eine kurze Beschreibung ihrer Eigenschaften angebracht sein. Stellen wir uns vor, wir unternähmen eine Reihe irgendwelcher Versuche, wobei die Trefferwahrscheinlichkeit gleich p, die Mißerfolgswahrscheinlichkeit gleich q sei. Man kann zeigen, daß sich die Verteilung der Trefferanzahl bei n Versuchen in Termen der Binomialentwicklung von $(q + p)^n$ beschreiben läßt. Dies erklärt den Namen der Verteilung. Da q + p gleich eins gesetzt wird, muß jeder Versuch entweder erfolgreich oder erfolglos sein; Zwischenstufen sind nicht zugelassen.

Die Entwicklung von $(q + p)^n$ lautet in kombinatorischer Schreibweise:

$$(q + p)^n = q^n + \binom{n}{1} q^{n-1} p + \binom{n}{2} q^{n-2} p^2 + \ldots + p^n.$$

Der r-te Term ist dabei

$$\binom{n}{r-1} q^{n-r+1} p^{r-1}.$$

Die Anwendung der Binomialverteilung wollen wir an zwei Beispielen illustrieren.

Beispiel 9.1

Nehmen wir an, es werden drei Münzen geworfen, wobei das Ergebnis „Kopf" als Erfolg gewertet wird. Man beschreibe die Wahrscheinlichkeitsverteilung der Erfolge bei einer großen Zahl von Würfen. Die möglichen Ausgänge eines dreifachen Münzwurfes sind unten aufgezählt; K steht für „Kopf", Z für „Zahl".

Z Z Z
Z Z K
Z K Z
K Z Z
Z K K
K K Z
K Z K
K K K

Es sind also acht Ergebnisse möglich. Die Wahrscheinlichkeit dreimal „Kopf" zu werfen ist 1/8 – gleichwahrscheinlich ist das Resultat dreimal „Zahl". Die Wahrscheinlichkeit zweimal „Kopf" und einmal „Zahl" zu erhalten ist ebenso wie die Wahrscheinlichkeit zweimal „Zahl" und einmal „Kopf" zu werfen gleich 3/8.

Wegen $p = q = 1/2$ ist die Verteilung offensichtlich symmetrisch.
Die Entwicklung von $(q + p)^3$ liefert:

$$q^3 + \binom{3}{1} q^2 p + \binom{3}{2} qp^2 + p^3 = \left(\tfrac{1}{2}\right)^3 + 3\left(\tfrac{1}{2}\right)^2 \left(\tfrac{1}{2}\right) + 3\left(\tfrac{1}{2}\right)\left(\tfrac{1}{2}\right)^3 + \left(\tfrac{1}{2}\right)^2 = \tfrac{1}{8} + \tfrac{3}{8} + \tfrac{3}{8} + \tfrac{1}{8}.$$

Der erste Summand, $\frac{1}{8}$, ist die Wahrscheinlichkeit für keinen Erfolg (dreimal „Zahl"), der zweite die Wahrscheinlichkeit für einen Erfolg (einmal „Kopf"), der dritte die Wahrscheinlichkeit für zwei, der letzte für drei Erfolge. Dies deckt sich mit unserer ursprünglichen Ergebnistabelle.

Beispiel 9.2

Für einen bestimmten Fertigungsprozeß sei bekannt, daß ein Zehntel des Produktionsausstoßes in seinen Abmessungen außerhalb gewisser Toleranzgrenzen liegt und deshalb ausgeschieden werden muß. Welcher Anteil an Ausschußgütern ist bei einer Anzahl von Stichproben zu je drei Gütern zu erwarten, die einer großen Produktion entnommen sind?

In diesem Falle ist also $p = 0{,}1$ und $n = 3$.

Entwickeln wir den Binomialausdruck wie oben, so erhalten wir

$$(q + p)^n = (0{,}9 + 0{,}1)^3 = (0{,}729 + 0{,}243 + 0{,}027 + 0{,}001).$$

Die gesuchten Wahrscheinlichkeiten sind also für

kein defektes Stück = 0,729
ein defektes Stück = 0,243
zwei defekte Stücke = 0,027
drei defekte Stücke = 0,001.

Die Verteilung ist nun nicht mehr symmetrisch. Es mag auch ein wenig überraschen, daß in 73 % der Stichproben kein defektes Stück auftritt, obwohl wir wissen, daß 10 % der produzierten Güter minderwertig sind. Unvorsichtige Leute könnten daraufhin versucht sein, die Qualität der Produktion zu optimistisch zu beurteilen.

Bemerkung: Die Koeffizienten $\binom{n}{r}$ sind wie folgt definiert:

$$\binom{n}{r} = \frac{n(n-1)\ldots(n-r+1)}{r!} = \frac{n!}{r!\,(n-r)!}.$$

Für Leser, die mit der kombinatorischen Notation wenig vertraut sind, dürfte es einfacher sein, die Binomialkoeffizienten aus dem Pascalschen Dreieck abzulesen.

	Pascalsches Dreieck										
n	Binomialkoeffizienten										
2				1		2		1			
3			1		3		3		1		
4		1		4		6		4		1	
5	1		5		10		10		5		1

Jede Zahl ist die Summe der beiden schräg über ihr stehenden Koeffizienten.

9.1.1. Mittelwert und Varianz der Binomialverteilung

Mit Hilfe der Gl. (3.8) und (3.9) kann man das erste und zweite Moment der Binomialverteilung berechnen. Die erste Gleichung liefert den Mittelwert $\bar{x}$ direkt:

$$\bar{x} = np.$$

Das zweite Moment und die Verschiebungsgleichung (3.11) geben für die Varianz

$$\sigma^2 = npq.$$

Für das obige Problem, Beispiel 9.2, hätten wir also

$$p = 0{,}1, \quad q = 0{,}9 \quad \text{und} \quad n = 3$$
$$\bar{x} = np = 0{,}3$$

und

$$\sigma^2 = npq = 0{,}27.$$

Man beachte, daß der Mittelwert nicht wie die Ausgangsdaten ganzzahlig zu sein braucht.

Im Beispiel 9.2 war der Ausschußanteil der Produktion (Population) als bekannt vorausgesetzt. Häufig stellt sich genau das entgegengesetzte Problem. Das Ziehen einer Stichprobe kann sehr wohl dazu dienen, eine Schätzung für p zu gewinnen. Dieses Problem ist sehr viel schwieriger und rechnerisch sehr aufwendig. Ist nur eine kleine Stichprobe verfügbar, so ist die Schätzung wahrscheinlich zu roh; auf entsprechende methodische Einzelheiten wollen wir hier nicht eingehen. Erlauben die Umstände Stichproben großen Umfangs, so kann man ein Histogramm aufstellen. Ist nachgewiesen, daß diesem Diagramm eine Binomialverteilung zugrunde liegt, so läßt sich ein geeignetes p aus der Beziehung

$$p = \frac{\overline{x}}{n}$$

berechnen. Bevor wir die Binomialverteilung verlassen, wollen wir daran erinnern, daß die Verteilung symmetrisch ist, wenn p in der Nähe von 0,5 liegt. Für großes n läßt sich die Binomialverteilung durch eine Normalverteilung approximieren.

9.2. Poissonverteilung

Ist die Erfolgswahrscheinlichkeit bei großem Stichprobenumfang sehr klein, so kann man zeigen, daß die entsprechende Verteilung durch eine Reihenentwicklung von $e^{-\overline{x}} e^{\overline{x}}$ beschrieben wird.

Wir haben bereits festgestellt, daß die Varianz der Binomialverteilung kleiner ist als ihr Mittelwert:

$$\sigma^2 = npq < \overline{x} = np.$$

Ist n groß und p klein, so ist auch q groß; der Mittelwert nähert sich also der Varianz. Der Grenzfall wird durch die Poissonverteilung beschrieben, die sich direkt aus der Binomialverteilung ableiten läßt.

Mit den ersten Gliedern der Binomialverteilung beginnend erhalten wir

$$q^n + nq^{n-1} p + \frac{n(n-1)}{2!} q^{n-2} p^2.$$

Da n groß ist, gilt $n \approx (n-1) \approx (n-2)$ etc. Wir können die Reihe also wie folgt abändern:

$$q^n + nq^n p + \frac{n^2}{2!} q^n p^2.$$

Substituieren wir x/n für p und $1 - x/n$ für q, so ergibt sich

$$\left(1 - \frac{\overline{x}}{n}\right)^n \left(1 + \overline{x} + \frac{\overline{x}^2}{2!} + \ldots\right).$$

Für $n \to \infty$ strebt dieses Produkt gegen

$$e^{-\overline{x}} e^{\overline{x}} = 1.$$

Das Auftreten seltener diskreter Ereignisse wird also durch eine Wahrscheinlichkeitsverteilung der Form

$$e^{-\overline{x}}, e^{-\overline{x}} \overline{x}, e^{-\overline{x}} \frac{x^2}{2!}, \ldots$$

beschrieben. Mittelwert und Varianz sind dabei gleich np. Für Werte von $\overline{x} < 1$ ist die Verteilung eine J-Kurve. Für $\overline{x} > 1$ ist die Verteilung schief, wird aber für $\overline{x} > 30$ fast symmetrisch und nähert sich einer Normalverteilung mit demselben Mittelwert und derselben Varianz.

Wie sich die Poissonverteilung anwenden läßt, sollen wir zwei Beispiele zeigen:

Beispiel 9.3

Es sei bekannt, daß ein spezielles Ersatzteil durchschnittlich einmal in 20 Wochen benötigt wird. Man schätze die Wahrscheinlichkeiten dafür, daß bestimmte Anzahlen dieses Teiles innerhalb einer Wochenfrist verlangt werden.

Die mittlere Anzahl von Ersatzteilen, die pro Woche gebraucht wird, ist offenbar 0,05. Da diese Wahrscheinlichkeit klein ist, erscheint eine Poissonverteilung zur Beschreibung geeignet. Wir haben die ersten drei Glieder tabelliert:

Verlangte Teile/Woche	0	1	2
Wahrscheinlichkeit	$e^{-0,05}$	$0,05\, e^{-0,05}$	$\frac{0,05^2\, e^{-0,05}}{2!}$
Wahrscheinlichkeit	0,951	0,048	0,001

Die Wahrscheinlichkeit, daß innerhalb irgendeiner Woche kein Teil verlangt wird, ist 0,951, daß ein Teil verlangt wird, 0,048 u.s.w. Da Tafeln zur Verfügung stehen brauchen die Werte e^{-n} nicht berechnet zu werden.

Beispiel 9.4

Auf einer bestimmten Leitung werden pro Stunde durchschnittlich 12 Telefongespräche geführt; man berechne die Wahrscheinlichkeit dafür, daß in einem Zeitraum von fünf Minuten 0, 1, 2, 3 oder mehr Gespräche stattfinden.

Im Durchschnitt tritt in fünf Minuten ein Anruf auf. Wir tabellieren wieder die ersten Glieder der Verteilung:

Anrufe/5-Minuten-Intervall

	0	1	2	3
Wahrscheinlichkeit	e^{-1}	e^{-1}	$\frac{e^{-1}}{2!}$	$\frac{e^{-1}}{3!}$
Wahrscheinlichkeit	0,3679	0,3679	0,1839	0,0613

Hier sind die Wahrscheinlichkeiten für 0, 1, 2 oder 3 Anrufe in fünf Minuten abzulesen. Die Wahrscheinlichkeit, daß 3 oder mehr Gespräche geführt werden, ist

$$1 - (0,3679 + 0,3679 + 0,1839) = 0,0803.$$

9.3. Chiquadrat-Verteilung (χ^2-Verteilung)

Eine exakte mathematische Herleitung der χ^2-Verteilung würde hier zu weit führen; ihre Anwendung ist aber recht einfach. Unter gewissen Voraussetzungen kann man sie dazu benützen, für diskrete Daten die Abweichung zwischen beobachteten und theoretischen Häufigkeiten auf Signifikanz zu testen.

In diesem Zusammenhang ist χ^2 durch

$$\chi^2 = \sum \frac{(B - T)^2}{T} \tag{9.1}$$

definiert, wobei B beobachtete und T theoretische Häufigkeiten bezeichnet. Enge Übereinstimmung zwischen den beobachteten und theoretischen Werten hat offenbar einen kleinen Wert von χ^2 zu Folge.

Die Gestalt der Verteilung hängt von der Anzahl der unabhängigen Quadrate in der Summe, d. h. von der Zahl der Freiheitsgrade des Problems ab. Wir werden darauf weiter unten genauer eingehen. Hinzu kommt, daß eine Darstellung von χ^2 wie in Gl. (9.1) nur vertretbar ist, wenn jede der unabhängigen Häufigkeiten mindestens 5 Beobachtungen umfaßt.

Die Anwendung der χ^2-Verteilung als *Anpassungstest* und als *Unabhängigkeitstest* in *Kontingenztafeln* wollen wir an einigen praktischen Beispielen illustrieren.

Beispiel 9.5

Die von einer schwachen Phosphorquelle emittierten Partikel werden mit einem Geigerzähler registriert. Die geringe Strahlung läßt ein Poissonsches Verteilungsgesetz vermuten. Die Tabelle 9.1 zeigt als experimentelle Resultate die in 10-Sekunden-Intervallen registrierten Teilchenzahlen. Man teste die Anpassung der experimentellen Werte an eine Poissonverteilung.

Tabelle 9.1. Zahl der von einer schwachen Phosphorquelle emittierten β-Teilchen.

Teilchenanzahl (x)	Beobachtete Häufigkeit (B)
0	2
1	0
2	1
3	4
4	4
5	6
6	7
7	6
8	8
9	8
10	8
11	6
12	7
13	4
14	0

Die mittlere Teilchenzahl pro 10-Sekunden-Intervall ist

$$\overline{x} = \frac{\Sigma(xB)}{\Sigma B} = \frac{562}{771} = 7{,}9155.$$

Mit diesem Mittelwert und der Gesamthäufigkeit der Ereignisse, nämlich 71, berechnen wir die Glieder der Vergleichsverteilung.

$$Ne^{-\overline{x}} = 71\, e^{-7{,}9155} = 259{,}22 \cdot 10^{-4}.$$

Der r-te Term der Reihe ist also durch

$$259{,}22 \cdot 10^{-4} \frac{\overline{x}^{r-1}}{(r-1)!}$$

gegeben. Weiter oben haben wir gezeigt, daß Mittelwert und Varianz der Poissonverteilung gleich sind. Als erste Überprüfung der Tauglichkeit unseres Modells werden wir also die Varianz der beobachteten Werte berechnen und mit dem Mittelwert vergleichen.

Die Varianz s^2 und der Mittelwert $\overline{x}$ sind 10,16 bzw. 7,92. Da keine Übereinstimmung besteht, erhebt sich die Frage: „Wie gut ist unser Poisson-Modell?" Vage qualitative Feststellungen sind als Antwort darauf unerwünscht und sollen vermieden werden.

Ist Poisson-Wahrscheinlichkeitspapier greifbar, so können die beobachteten Werte darin eingezeichnet werden, um so ein weiteres Urteil über die Anpassungsfähigkeit des Modells zu gewinnen. Die Beobachtungen sind in Tabelle 9.2 neu verarbeitet.

Die letzte Spalte zeigt die kumulierte Wahrscheinlichkeit für das Auftreten eines, zweier, dreier Teilchen usw. Die Werte erhält man aus der benachbarten Spalte von unten be-

Tabelle 9.2. Aufbereitete Daten über die Emission von β-Strahlen

x	Häufigkeit (B)	B/71	Wahrscheinlichkeit für wenigstens x gezählte Teilchen (P)
0	2	0,028	1,000
1	0	0	0,972
2	1	0,014	0,972
3	4	0,056	0,958
4	4	0,056	0,902
5	6	0,085	0,846
6	7	0,098	0,761
7	6	0,085	0,663
8	8	0,113	0,578
9	8	0,113	0,465
10	8	0,113	0,352
11	6	0,085	0,239
12	7	0,098	0,154
13	4	0,056	0,056
14 und mehr	0	0	0
Insgesamt	71		

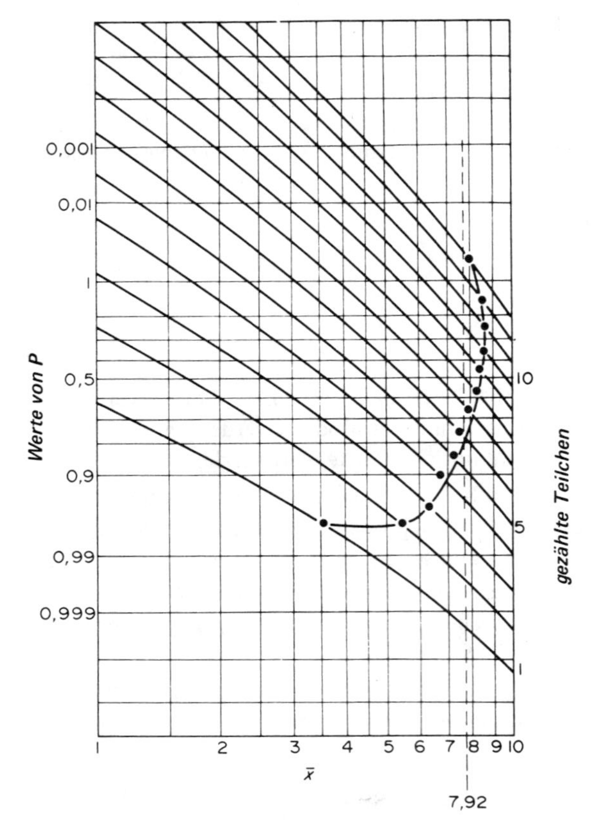

Bild 9.1. Experimentelle Ergebnisse von Beispiel 9.5 in Poisson-Wahrscheinlichkeitspapier eingezeichnet.

ginnend durch sukzessive Addition. Die so gefundenen Wahrscheinlichkeiten sind für die jeweiligen x-Werte in die Kurvenschar aus Bild 9.1 eingezeichnet.

Würden die beobachteten Häufigkeiten exakt mit den theoretischen der Poissonverteilung übereinstimmen, so lägen alle eingezeichneten Punkte auf einer senkrechten Linie durch den Mittelwert 7,9. Im vorliegenden Fall trifft dies natürlich nicht zu. Die Punkte liegen nur in der Nähe einer Senkrechten durch den Mittelwert, können aber trotzdem zu einer Poissonverteilung gehören. Die Abweichungen von der Vertikalen wären dann rein zufällig. Da dies nicht schlüssig beweisbar ist, müssen wir auf einen weiteren Test zurückgreifen.

Ein χ^2-Test mißt die Wahrscheinlichkeit der als rein zufällig angesehenen Abweichungen zwischen den beobachteten und den theoretischen Werten. Der χ^2-Ausdruck berechnet sich aus der Gl. (9.1). Die Tabelle 9.3 zeigt ein geeignetes Rechenschema.

Tabelle 9.3. Aufbereitete Daten über die Emission von β-Strahlen

(x)	B	T	B	T	(B−T)	$(B-T)^2/T$
0	2	0,0				
1	0	0,2				
2	1	0,8				
3	4	2,1				
4	4	4,2	11	7,3	3,7	1.87
5	6	6,7	6	6,7	− 0,7	0,07
6	7	8,9	7	8,9	− 1,9	0,41
7	6	10,0	6	10,0	− 4,0	1,60
8	8	9,9	8	9,9	− 1,9	0,36
9	8	8,7	8	8,7	− 0,7	0,06
10	8	6,9	8	6,9	1,1	0,17
11	6	5,0	6	5,0	1,0	0,20
12	7	3,3	11	7,0	4,0	2,29
13	4	2,0				
14	0	1,7				
	$\Sigma B = 71$					$\chi^2 = 7{,}03$

Um der Bedingung gerecht zu werden, daß die unabhängigen Häufigkeiten mindestens fünf Beobachtungen umfassen sollen, werden die Häufigkeiten mit vier oder weniger Zählungen zu einer Gruppe zusammengefaßt, Analog verfährt man auch bei 12 und mehr Zählungen. Die zweite und dritte Spalte in Tabelle 9.3, die mit B bzw. T überschrieben sind, beziehen sich auf die ursprünglichen Daten, die beiden folgenden Spalten zeigen die beobachteten bzw. theoretischen Werte nach der Gruppenbildung. An den Anfang stellen wir die Nullhypothese, daß den beobachteten und den theoretischen Werten ein und dieselbe Poissonverteilung zugrunde liegt. Die Berechnung der theoretischen Häufigkeiten benützt, wie wir schon vermerkt haben, den Mittelwert und die Gesamtzahl der beobachteten Werte. Unserem Problem sind also zwei Nebenbedingungen auferlegt. Um mit den Tafeln der χ^2-Verteilung arbeiten zu können, müssen wir wieder eine Zahl ν von Freiheitsgraden kennen. ν ist wie folgt definiert:

$$\begin{aligned}\nu &= \text{Anzahl der Gruppen} - \text{Anzahl der Nebenbedingungen}\\ &= 9 - 2 = 7.\end{aligned}$$

Für 7 Freiheitsgrade liefert die χ^2-Tafel uns den Anhang

$$\chi^2 = 12{,}02$$

bei einem Signifikanzniveau von 0,1.

Da der errechnete Wert 7,03 beträchtlich unter 12,02 liegt, nehmen wir die Nullhypothese als zutreffend an. Der Unterschied zwischen den beobachteten und den theoretischen Werten ist nicht im mindesten signifikant und kann mit einer Wahrscheinlichkeit von 10 % allein durch Zufall entstanden sein. Ein Poissonsches Modell ist also annehmbar.

9.3.1. Wann eine Nullhypothese anzunehmen bzw. zu verwerfen ist

Die folgenden Regeln sollen als Leitfaden dienen.

Ist χ^2	Der Unterschied zwischen den beobachteten und den theoretischen Werten ist	Die Nullhypothese ist
größer als 5 %	Signifikant	wahrscheinlich falsch
größer als 1 %	hochgradig signifikant	fast sicher falsch und zu *verwerfen*
kleiner als 5 %	nicht signifikant	wahrscheinlich richtig
kleiner als 10 %	nicht im mindesten signifikant	mit ziemlicher Sicherheit richtig und *anzunehmen*

Ist χ^2 sehr klein, etwa kleiner als der Wert für p = 95 %, so ist die Nullhypothese fast zu gut um wahr zu sein und sollte mit Vorsicht behandelt werden.

9.3.2. Freiheitsgrade

Die Anzahl der Freiheitsgrade eines Problems haben wir schon definiert; im letzten Beispiel als die Differenz der Gruppenanzahl und der Zahl der Nebenbedingungen. Wie wir gesehen haben, traten bei einer Poissonverteilung mit gleichem Mittelwert und gleicher Gesamthäufigkeit zwei Nebenbedingungen auf. Obwohl die Normalverteilung stetig ist, kann auch für sie der χ^2-Anpassungstest benützt werden.

Man standardisiert hier zunächst die beobachteten Werte durch Division mit der Standardabweichung. Aus den Flächen unter der Normalverteilungskurve, die man für jedes Gruppenintervall sofort aus der Tafel ablesen kann, lassen sich die theoretischen Häufigkeiten der einzelnen Gruppen leicht berechnen. Die beobachteten und die theoretischen Werte sind natürlich keine ganzen Zahlen. Gibt man für die theoretische Verteilung den Mittelwert, die Standardabweichung und die Summenhäufigkeit der beobachteten Verteilung vor, so hat man dem Problem drei Nebenbedingungen auferlegt, und die Zahl der Freiheitsgrade ist

$$\nu = (\text{Anzahl der Gruppen}) - 3.$$

Testet man auf Binominalverteiltheit mit bekannter Erfolgswahrscheinlichkeit p, so liegt die einzige Einschränkung in der Übereinstimmung der Summenhäufigkeiten, und es gilt

$$\nu = (\text{Anzahl der Gruppen}) - 1.$$

Ist p aus den Daten zu berechnen, so müssen Mittelwert und Summenhäufigkeit übereinstimmen, d. h. es ist

$$\nu = (\text{Anzahl der Gruppen}) - 2.$$

9.4. Kontingenztafeln

Die χ^2-Verteilung eignet sich auch zur Analyse sogenannter Kontingenzprobleme. Häufigkeitstafeln, in denen jeder Klasse eine bestimmte Eigenschaft entspricht, nennt man Kontingenztafeln. Die folgenden Beispiele zeigen einige verschiedenartige Kontingenzprobleme.

Beispiel 9.6

Nehmen wir an, vier Typen von Blinkerrelais seien über einen Zeitraum von sechs Monaten getestet worden, und die Anzahl der aufgetretenen Defekte sei 5, 2, 4 und 1. Gibt es einen wirklichen Qualitätsunterschied zwischen den einzelnen Erzeugnissen?

Wir beginnen mit der Nullhypothese, daß alle Relais-Typen gleich gut sind. Die Ergebnisse sind in Tabellenform zusammengestellt:

Typ	B	T	$(B-T)^2/T$
A	5	3	$\frac{4}{3}$
B	2	3	$\frac{1}{3}$
C	4	3	$\frac{1}{3}$
D	1	3	$\frac{4}{3}$
Summe	12	12	$3\frac{1}{3}$

$$\chi^2 = 3{,}33.$$

Bei gleichen Summenhäufigkeiten gilt

$$\begin{aligned}\nu &= \text{Anzahl der Gruppen} - \text{Anzahl der Nebenbedingungen}\\ &= 4 - 1 = 3.\end{aligned}$$

Aus den Tafeln für 3 Freiheitsgrade lesen wir für einen Signifikanzniveau von 5 % den Wert $\chi^2 = 7{,}81$ ab. Da unser Ergebnis beträchtlich darunter liegt, nehmen wir die Hypothese an. Wir schließen also trotz der unterschiedlichen Ausfallshäufigkeiten nicht auf einen wirklichen Qualitätsunterschied der Blinkertypen.

9.4.1. Yates-Korrektur

Hat man nur zwei Gruppen zu vergleichen, und werden die Summenhäufigkeiten gleich gemacht, so reduziert sich die Zahl der Freiheitsgrade auf eins. In diesem Fall sollte der Wert von χ^2 verkleinert werden, indem man den Betrag von (B–T) um 1/2 vermindert.

Beispiel 9.7

Zwei Gruppen von je 50 Verschleißteilen werden denselben Tests unterzogen. Die Teile der Gruppe A hatten kugelgestrahlte Oberflächen, während die Stücke der Gruppe B roh belassen wurden. Nach einer bestimmten Zeit waren zehn Teile aus der Gruppe A und zwanzig aus der Gruppe B ausgefallen. Gibt es irgendeinen Anhaltspunkt dafür, daß das Kugelstrahlen die Widerstandsfähigkeit der Teile verbessert?

Unter der Nullhypothese, daß die Oberflächenbearbeitung keinen Einfluß hat, erwarten wir für die Gruppe A dieselbe Ausfallsrate wie für die Gruppe B. Wir tabellieren wieder die Resultate:

	Gruppe A (B)	Gruppe B (T)	(B–T)	(B–T) korrigiert	$(B-T)^2/T$
ausgefallen	10	20	– 10	$-9\frac{1}{2}$	4,51
nicht ausgefallen	40	30	10	$9\frac{1}{2}$	3,01
Summe	50	50			$\chi^2 = 7{,}51$

Es ist also $\chi^2 = 7{,}51$.

Aus der Tafel entnehmen wir für ein Signifikanzniveau von 1 % $\chi^2 = 6{,}63$. Offensichtlich ist die Wirkung des Kugelstrahlens auf die Lebensdauer der Teile in hohem Maße signifikant. Es ist also höchst unwahrscheinlich, daß die unterschiedlichen Ausfallsraten rein zufällig waren.

9.4.2. (h · k)-Kontingenztafeln

Nehmen wir an, wir wollten prüfen, ob zwischen zwei Klassen von Eigenschaften irgendein signifikanter Zusammenhang besteht. Dies geschieht mit Hilfe einer (h · k)-Kontingenztafel (h ist die Mächtigkeit der einen, k die Mächtigkeit der anderen Klasse). Das Verfahren soll wieder an einem Beispiel erklärt werden.

Beispiel 9.8

Die Tabelle gibt einen Überblick über die natürliche Haarfarbe der Ehefrauen von achtzehn Ingenieuren und von zwölf Männern aus anderen, aber ähnlich einzuschätzenden Berufssparten.

	Ingenieure	andere Berufe
Blond	8	4
Rothaarig	5	5
Brünett	5	3

Gibt es einen Anhaltspunkt dafür, daß blonde Frauen Ingenieure bevorzugen?

Zuerst ergänzen wir die Tabelle durch die Zeilen- und Spaltensummen

	Ingenieure	andere Berufe	Summe
Blond	8	4	12
Rothaarig	5	5	10
Brünett	5	3	8
Summe	18	12	30

Nun berechnen wir die Wahrscheinlichkeit der einzelnen Kombinationen. Die theoretische Häufigkeit, mit der ein Ingenieur eine blonde Frau hat, ist beispielsweise

$$30 \cdot \frac{12}{30} \cdot \frac{18}{30} = 7{,}2.$$

Auf diese Weise erhalten wir folgende Häufigkeitstafel:

Blond	Ingenieure	andere Berufe
Blond	7,2	4,8
Rothaarig	6,0	4,0
Brünett	4,8	3,2

Nun können wir die beobachteten und die theoretischen Häufigkeiten tabellieren.

B	T	(B–T)	$(B-T)^2$	$(B-T)^2/T$
8	7,2	0,8	0,64	0,089
4	4,8	– 0,8	0,64	0,133
5	6,0	– 1,0	1,0	0,167
5	4,0	1,0	1,0	0,25
5	4,8	0,2	0,04	0,008
3	3,2	– 0,2	0,04	0,012
				$\chi^2 = 0{,}659$

Die Zahl der Freiheitsgrade ist

$$\nu = (h - 1)(k - 1).$$

Da die Zeilen- und Spaltensummen für die beobachteten und die theoretischen Häufigkeiten übereinstimmen, unterliegt das Problem zwei Einschränkungen.

$$\nu = (2 - 1)(3 - 1) = 3.$$

Die χ^2-Tafeln liefern für das 5-%-Niveau den Wert 5,99. Die Unterschiede in unserer Übersicht sind also nicht im mindesten signifikant, d.h. wir müssen die Nullhypothese leider annehmen: es spricht nichts dafür, daß blonde Frauen Ingenieure bevorzugen.

9.5. Weibullsche Verteilung

Die Verteilung wurde 1951 von *Weibull* eingeführt und hat seither vielfältige technische Anwendung gefunden. Sie eignet sich zur Beschreibung der verschiedensten Verschleißerscheinungen und wird auch zur Vorausschätzung der Lebensdauer von Kugel- oder Rollenlagern benützt. Schließen wir katastrophale konstruktive Fehler aus, so ist die Lebensdauer eines Rollenlagers dadurch begrenzt, daß unter der Schalenoberfläche feine Risse auftreten, die auf Materialermüdung zurückzuführen sind. In der Folge setzten sich die Risse bis zur Oberfläche fort, was dann zur Absplitterung von Lagermetall führt. Im Handel werden Rollenlager allgemein nach einer Norm spezifiziert, die auf der Weibullschen Verteilung beruht. Die Kataloge geben eine B_{10}-Lebensdauer für bestimmte Belastungen und Geschwindigkeiten an; das bedeutet, daß innerhalb einer B_{10}-Lebensdauer bei einer großen Zahl von Lagern höchstens 10 % Ausfälle zu erwarten sind, die auf Materialermüdung zurückzuführen sind.

Bevor wir die Weibullsche Verteilung vorstellen, sei vermerkt, daß Verschleißtests teuer und zeitraubend sind und deshalb gewöhnlich mit kleinen Stichprobenumfängen auskommen müssen. Dies wirft Probleme auf, die nicht nur mit dem Testverfahren selbst zusammenhängen, sondern die immer dann auftreten, wenn man es mit kleinen Stichproben zu tun hat. Liegt eine umfangreiche Stichprobe vor, so läßt sich das Wesen der Grundgesamtheit recht einfach durch ein Histogramm (s. 3.1) beschreiben. Bei kleineren Stichproben reagiert das Histogramm sehr empfindlich auf Änderungen der Klasseneinteilung, so daß es günstig ist, mit der kumulierten Verteilung zu arbeiten. Üblicherweise konstruiert man die kumulierte Verteilungsfunktion in der Form, daß man die Beobachtungen als Abszisse und den *Rang* der Beobachtungen als Ordinate aufzeichnet.

9.5.1. Ranggrößen

Nehmen wir an, uns liege eine kleine Stichprobe von fünf Gütern vor, deren Lebensdauer wir testen wollen. Der Ausfall des ersten Stückes betrifft bereits 20 % der Stichprobe. Können wir daraus schließen, daß 20 % der Grundgesamtheit bei einem Test nach derselben Zeit ausfallen würden? Es ist klar, daß dies nicht zu gelten braucht. Daher suchen wir eine statistische Methode, um die Ausfallsanteile der Grundgesamtheit zu schätzen, die den fünf möglichen Ausfällen in der Stichprobe entsprechen. Mit anderen Worten wollen wir den aufeinanderfolgenden Ausfällen Ränge zuordnen.

9.5.2. Medialer Rang

Betrachten wir eine Anzahl fünfelementiger Stichproben, die einer Grundgesamtheit mit bekannten Häufigkeitsverteilungen entnommen seien. Die Zeiten bis zum Ausfall des ersten Stückes werden für die einzelnen Stichproben zufällig verteilt sein. Der Median dieser Lebensdauer-Verteilung heißt der mediale Rang des ersten Ausfalls. Dies bedeutet, daß nach unserer Schätzung 50 % der Erstausfälle vor und 50 % der Erstausfälle nach dieser Medianzeit eintreten. Für eine fünfelementige Stichprobe liegt der mediale Rang des ersten Ausfalles bei 12,94 %. Genauso kann man die Ranggrößen des zweiten und der folgenden Ausfälle berechnen. Den an Einzelheiten interessierten Leser verweisen wir auf die Arbeit von *Johnson.*

Im Anhang A haben wir die Ranggrößen für Stichproben bis zu zehn Elementen tabelliert. Ist keine Tabelle greifbar, so läßt sich der Rang aus der Näherungsformel

$$\text{medialer Rang} = \frac{j - 0{,}3}{n - 0{,}4}$$

berechnen, in der j die Ordnung des Ausfalls und n den Stichprobenumfang bezeichnet.

9.5.3. Andere Ranggrößen

Auf ähnliche Weise kann man andere Ranggrößen, wie den 5-%-Rang oder den 95-%-Rang bestimmen. Der 5-%-Rang für den ersten Ausfall in einer fünfelementigen Stichprobe ist beispielsweise 1 %. Das bedeutet, daß die schwächsten Glieder in der Stichprobe nur in 5 % aller Fälle auf weniger als 1 % der Grundgesamtheit schließen lassen. Der 95-%-Rang für den ersten der fünf Ausfälle liegt bei 45 %, was wieder heißt, daß die Erstausfälle in der Stichprobe in 95 % der Fälle für 45 % der Grundgesamtheit stehen.

Die 5- und 95-%-Ränge für bis zu zehnelementige Stichproben sind ebenfalls im Anhang A tabelliert.

9.6. Wahrscheinlichkeitsdichte und kumulierte Wahrscheinlichkeitsfunktion der Weibullschen Verteilung

Die Wahrscheinlichkeitsdichte der Weibull-Verteilung ist durch den Ausdruck

$$p(x) = \frac{\beta}{\eta}\left(\frac{x - x_0}{\eta}\right)^{\beta - 1} \exp - \left(\frac{x - x_0}{\eta}\right)^{\beta} \tag{9.2}$$

mit den drei Konstanten β, x_0 und η gegeben.

β – die sogenannte Weibull-Steigung – ist ein Maß für die Streuung der Meßpunkte.

x_0 ist der Anfangspunkt der Verteilung, der in einigen Fällen gleich Null gesetzt werden kann, η ist eine charakteristische Größe.

Die Gestalt der Verteilung hängt sehr stark von β ab. Das Bild 9.2 zeigt eine Reihe typischer Kurven. Ist $\beta = 1$, so haben wir eine Exponentalverteilung vor uns; für $\beta = 2$ ähnelt die Verteilung der bekannten Rayleighschen Verteilung, die zur Beschreibung der Extremwerte von zufälligen Prozeßen mit schmaler Bandbreite dient (s. Kapitel 8); für $\beta = 3{,}46$ ist die Verteilung fast normal.

Nun sei

$$y = \left(\frac{x - x_0}{\eta}\right)^{\beta}. \tag{9.3}$$

Durch Differentiation erhalten wir

$$\frac{dy}{dx} = \frac{\beta}{\eta}\left(\frac{x - x_0}{\eta}\right)^{\beta - 1}. \tag{9.4}$$

Substituieren wir die Beziehungen (9.3) und (9.4) in (9.2), so ergibt sich

$$p(x) = \frac{dy}{dx}\, e^{-y}.$$

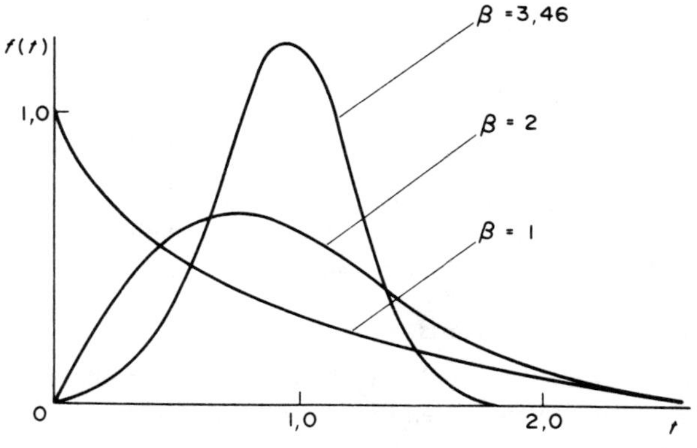

Bild 9.2. Typische Wahrscheinlichkeitsdichte-Kurven der Weibull-Verteilung.

Wegen

$$P(x) = \int_{x_0}^{x} p(x)\,dx$$

ist also

$$P(x) = \int_{0}^{y} e^{-y}\,dy.$$

Nun integrieren wir

$$P(x) = [-e^{-y}]_0^y$$

und machen die Substitution durch y rückgängig

$$P(x) = 1 - \exp - \left(\frac{x - x_0}{\eta}\right)^{\beta}. \qquad (9.5)$$

Für $(x - x_0) = \eta$ ergibt sich im übrigen

$$P(x) = 1 - e^{-1} = \frac{e-1}{e} = 0{,}632.$$

Für die charakteristische Größe η hat die kumulierte Wahrscheinlichkeitsfunktion also unabhängig von β immer den Wert 0,632. Bringen wir die Gl. (9.5) auf die Form

$$\exp\left(-\frac{x - x_0}{\eta}\right)^{\beta} = 1 - P(x),$$

so erhalten wir durch Logarithmieren zur Basis e

$$-\left(\frac{x - x_0}{\eta}\right)^{\beta} = \ln\{1 - P(x)\}.$$

Abermaliges Logarithmieren liefert schließlich

$$\ln\ln\left\{\frac{1}{1 - P(x)}\right\} = \beta\ln(x - x_0) - \beta\ln\eta \qquad (9.6)$$

was wir auch als

$$Y = Ax + B$$

schreiben können. Dies ist ein lineares Gesetz, dessen Steigung A mit der Weibull-Steigung β übereinstimmt. Es gibt spezielles Wahrscheinlichkeitspapier, mit logarithmischer Abszissenskala und einer Ordinatenskala, die $P(x)$ in $\ln\ln 1/(1 - P(x))$ transformiert.

9.7. Lebensdauertests

Ist $P(x)$ die Summe der Ausfälle einer Stichprobenkomponente, so geben die Ordinaten des Weibull-Papiers den Prozentsatz an Ausfällen und die Abszisse die zugehörige Lebensdauer an. Zur Konstruktion der Ordinaten benützt man die verschiedenen medialen Ränge.

Wir wollen ein Beispiel betrachten, in dem es um die Lebensdauer von Kugellagern geht.

Beispiel 9.9

Fünf Kugellager liefen mit einer Konstanten inneren Umdrehungsgeschwindigkeit von 10 U/sec bei einer Radialbelastung von 4000 N. Die einzelnen Lager fielen nach 1,2, 3,0, 4,5, 7,2 und $9{,}9 \cdot 10^6$ Umdrehungen aus. Man analysiere diese Versuchsreihe mit Hilfe der Weibullschen Verteilung.

Tabelle 9.4. Ergebnisse des Kugellagertests für konstante Umdrehungsgeschwindigkeit und Belastung

Lager-Nummer	Lebensdauer gemessen in 10^6 Umdrehungen	Median-Rang
1	1,2	12,94
2	3,0	31,47
3	4,5	50,00
4	7,2	68,53
5	9,9	87,06

Die Lager sind nach ihrer Lebensdauer angeordnet; zu jedem Lager gehört wie in Tabelle 9.4 ein medialer Rang (s. Anhang für mediale Ränge).

Die Lebensdauer wird als Abszisse, der zugehörige mediale Rang als Ordinate in das Weibull-Papier eingetragen. Durch die Punkte wird eine Ausgleichsgerade gelegt. Dies kann oft nach dem Augenmaß geschehen; bei großer Streuung sollte man aber die Ausgleichungsmethoden aus Kapitel 6 anwenden.

Unser Beispiel ist in dieser Hinsicht problemlos, da die Punkte sehr nahe bei einer Geraden liegen. Wäre dies nicht der Fall, so könnte man daraus zweierlei Schlüsse ziehen: entweder lassen sich die Daten nicht durch eine Weibull-Verteilung beschreiben, oder der Anfangspunkt x_0 der Verteilung ist von Null verschieden. Liegen die Punkte auf einer glatten Kurve, so wird man für x_0 einen anderen Wert als Null annehmen und die Ergebnisse von neuem aufzeichnen. Nach einer Anzahl von Versuchen unter laufender Verbesserung von x_0 sollten sich die Kurven einer Geraden annähern.

Nach der Konstruktion der Geraden, ist die Weibull-Steigung zu ermitteln. Diese stimmt mit der geometrischen Steigung nur dann überein, wenn das Weibull-Papier so gemacht ist, daß der Wert $\beta = 1$ eine Steigung von 45° ergibt. Viele im Handel befindliche Papiere sind nicht so ausgelegt, so daß β entweder berechnet oder mit Hilfe der Konstruktion aus Bild 9.3 bestimmt werden muß. Bei dieser Konstruktion wird durch den Schätzpunkt eine Normale zur Weibull-Geraden gelegt; β ist dann direkt an der waagrechten β-Skala abzulesen.

In unserem Beispiel ist

$$\beta = 1{,}3.$$

Dies kann sofort rechnerisch nachgeprüft werden. Die Gl. (9.6) liefert nämlich für $x_0 = 0$:

$$\ln \ln \left\{ \frac{1}{1 - P(x_1)} \right\} - \beta \ln x_1 = \ln \ln \left\{ \frac{1}{1 - P(x_2)} \right\} - \beta \ln x_2 .$$

Wählen wir also auf der Geraden zwei geeignete Punkte, etwa

$$x_1 = 10^6 \quad \text{mit} \quad P(x_1) = 0{,}1$$
$$x_2 = 10^7 \quad \text{mit} \quad P(x_2) = 0{,}87$$

so erhalten wir

$$\ln \ln \frac{1}{0{,}9} - 13{,}82\,\beta = \ln \ln \frac{1}{0{,}13} - 16{,}12\,\beta$$

d. h. $\beta = 1{,}295$.

Die charakteristische Lebensdauer η ist an der Stelle des 63,2-%-Ausfalls direkt aus dem Graphen abzulesen; sie beträgt

$$\eta = 5{,}8 \cdot 10^6 \text{ Umdrehungen.}$$

Da die Verteilung nicht symmetrisch ist, fallen Mittelwert und Median nicht zusammen. Den Mittelwert lesen wir an der horizontalen Mittelwertskala ab. In unserem Fall liegt dieses Mittel bei 59,5 %; der Graph gibt eine mittlere Lebensdauer von $5{,}5 \cdot 10^6$ Umdrehungen an.

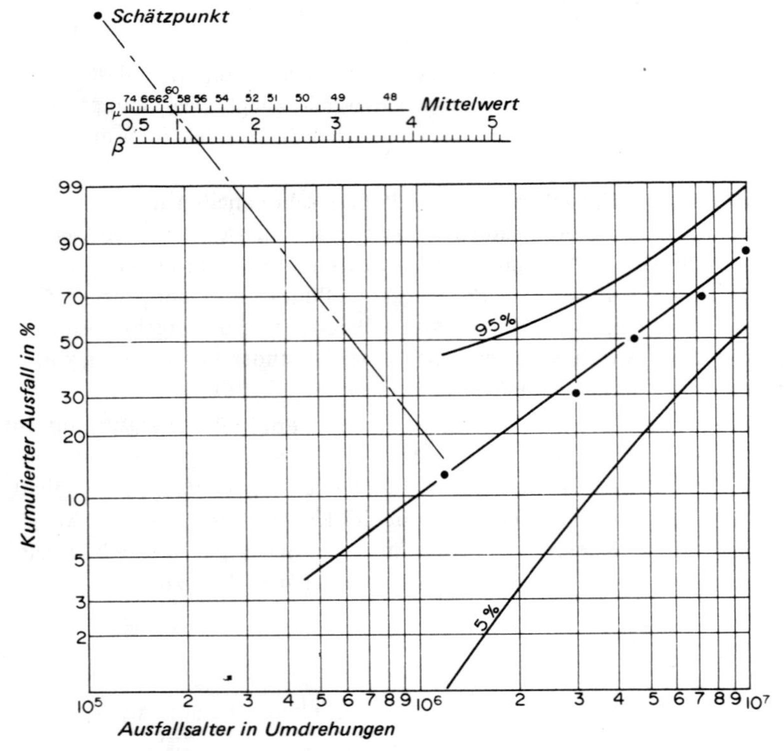

Bild 9.3. Kumulierte Ausfallwahrscheinlichkeit als Funktion des Ausfallsalters; die Daten sind auf Weibull-Wahrscheinlichkeitspapier dargestellt; der 90-%-Konfidenzbereich ist eingezeichnet.

Den Techniker interessiert, wie wir bereits erwähnt haben, die B_{10}-Lebensdauer eines Lagers. Aus dem Graphen lesen wir einen B_{10}-Wert von $1 \cdot 10^6$ Umdrehungen ab. Nebenbei bemerken wir, daß die mittlere Lebensdauer ungefähr fünfmal so groß ist wie die B_{10}-Lebensdauer.

9.7.1. Konfidenzbereiche

In Bild 9.3 sind zusätzlich zu den Weibull-Geraden die Kurven für die 5- und 95-%-Ränge eingezeichnet. Diese Linien schließen einen 90-%-Konfidenzbereich ein.

Die B_{50}-Lebensdauer der Weibull-Geraden ist $4{,}4 \cdot 10^6$ Umdrehungen. Das Konfidenzband liefert ein Konfidenzintervall von $1{,}65 \cdot 10^6$ bis $9{,}2 \cdot 10^6$ Umdrehungen. Wie bei einer nur fünfelementigen Stichprobe nicht anders zu erwarten ist dies ein relativ großer Bereich.

Wie man sieht, geht die untere Vertrauenslinie, i.e. die 95-%-Ranglinie, nicht über den Wert $P(x) = 44$ % hinaus. Sie kann daher nicht direkt zur Bestimmung etwa des B_{10}-Konfidenzintervalls herangezogen werden. Zur Lösung dieses Problems gibt es andere Methoden, deren Beschreibung hier aber zu weit führen würde.

9.7.2. Sudden-death-Tests

Beim Testen einer Lebensdauer kann durch Anwendung der sogenannten Sudden-death-Methode viel Zeit gespart werden.

Nehmen wir an, eine Stichprobe von vierzig Stücken sei für Testzwecke bereitgestellt. Wir teilen diese Stichprobe in acht Fünfergruppen und beginnen bei der ersten Gruppe mit

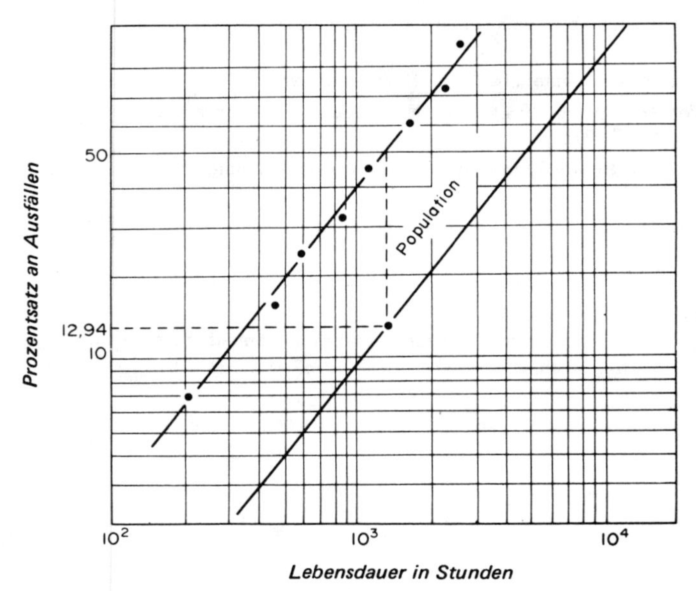

Bild 9.4. Typischer Sudden-death-Test; er zeigt die Erstausfälle in acht fünfelementigen Gruppen dargestellt auf Weibull-Papier.

dem Dauertest. Sobald eines der fünf Stücke ausfällt, wird der Test für diese Gruppe gestoppt und stattdessen bei der nächsten Gruppe fortgesetzt. Für jede Gruppe wird die Zeit bis zum ersten Ausfall eines Stückes notiert.

So erhalten wir für die acht Fünfergruppen acht Erstausfallszeiten. Aus der Tabelle für mediale Ränge entnehmen wir, daß sich die Erstausfälle um einen Populationsmedian von 12,94 verteilen.

Die Werte der acht Erstausfälle zeichnen wir nach medialen Rängen achtelementiger Stichproben aufsteigend geordnet in Weibull-Papier ein. Der B_{50}-Punkt bietet sich als beste Schätzung für den Median der $B_{12,94}$-Lebensdauer an. Nun legen wir durch den B_{50}-Punkt eine Ordinatenlinie und bestimmen deren Schnittpunkt mit einer waagrechten Linie durch den Punkt 12,94 (s. Bild 9.4). Dieser Schnittpunkt liegt auf der geschätzten Ausfallslinie der Grundgesamtheit. Die Ausfallslinie selbst ist eine Parallele zur ursprünglichen Weibull-Linie. Sie ist ebenso verläßlich wie eine durch Testen aller vierzig Güter gewonnene Gerade.

Quellen

[1] *A. Bennett* and *G. R. Higginson.* Hydrodynamic lubrication of soft solids. J. Mech. Engng. Sci. **12** (1970), 218–22.

[2] *T. R. Thomas,* Correlation analysis of the structure of a ground surface, Proc. 13th Int. Machine Tool Design and Research Conf., Macmillan, London, 1973, 303–6.

[3] *T. R. Thomas* and *S. D. Probert,* Establishment of contact parameters from surface profiles, J. Phys. **D3** (1970), 277–89.

[4] *E. Rabinowicz,* Friction and Wear of Materials, Wiley, New York, 1965.

[5] *T. R. Thomas* and *S. D. Probert.* Correlations for thermal contact conductance in vacuo, Trans. Am. Soc. Mech. Engrs **94C** (1972), 276–81.

[6] *D. Dowson* and *G. R. Higginson,* Elasto-Hydrodynamic Lubrication, Pergamon Press, London, 1966.

[7] *J. A. Greenwood,* Presentation of elastohydrodynamic film-thickness results. J. Mech. Engng. Sci. **11** (1969), 128–32.

[8] *T. R. Thomas,* Precognition experiments with a time-sharing computer (in the press).

[9] *D. Rigg* and *G. Drummond,* Private communication.

[10] *J. Peklenith,* New developments in surface characterization and measurements by means of random process analysis. Proc. Inst. Mech. Engrs **182**, Part 3k (1967–8), 108–26.

Ergänzende Literatur

Kapitel 1

O. L. Davies, Design and Analysis of Industrial Experiments, 2nd edition, Hafner, New York, 1956.

J. Holman, Experimental Methods for Engineers, McGraw-Hill, New York, 1966.

H. Schenck, Theories of Engineering Experimentation, 2nd edition, McGraw-Hill, New York, 1968.

S. D. Probert, J. P. Marsden and *T. W. Holmes,* Experimental Method and Measurement, Heinemann, London, 1971.

Kapitel 2

D. H. Menzel, H. M. Jones and *L. G. Boyd,* Writing a Technical Paper, McGraw-Hill, New York, 1961.

B. M. Cooper, Writing Technical Reports, Penguin, London, 1964.

E. Gowers, The Complete Plain Words, Penguin, London, 1962.

H. W. Fowler, A Dictionary of Modern English Usage, 2nd edition, Oxford University Press, London, 1965.

Kapitel 3

O. L. Davies and *P. L. Goldsmith* (eds), Statistical Methods in Research and Production, 4th edition, Oliver & Boyd, Edinburgh, 1972.

H. J. Halstead, Introduction to Statistical Methods, Macmillan, New York, 1966.

C. G. Paradine and *B. H. P. Rivett,* Statistical Methods for Technologists, 2nd edition, English Universities Press, London, 1960.

M. J. Moroney, Facts from Figures, 3rd edition, Penguin, London, 1956.

L. G. Parratt, Probability and Experimental Errors in Science, Wiley, New York, 1961.

E. T. Whittaker and *J. Robinson,* The Calculus of Observations, 4th edition, Blackie, London 1944.

Kapitel 4, 5 und 6

wie für Kapitel 3

Kapitel 7

H. L. Langhaar, Dimensional Analysis and Theory of Models, Wiley, New York, 1951.

R. C. Pankhurst, Dimensional Analysis and Scale Factors, Chapman & Hall, London, 1964.

Kapitel 8

J. S. Bendat and *A. G. Piersol,* Random Data: Analysis and Measurement Procedures, Wiley-Interscience, New York, 1971.

R. B. Blackman and *J. W. Tukey,* The Measurement of Power Spectra, Dover Press, New York, 1958.

J. M. Craddock, Statistics in the Computer Age, English Universities Press, London, 1968.

Kapitel 9

G. J. Johnson, The median ranks of sample values in their population with an application to certain fatigue studies. Industrial Mathematics, **2** (1951),

C. Lipson and *N. J. Sheth,* Statistical Design and Analysis of Engineering Experiments, McGraw-Hill, New York, 1973.

R. A. Mitchell, Introduction to Weibull analysis. Pratt and Whitney Report. No. 3001, 1967.

Anhang

Statistische Tafeln

Tafel A1. Kumulierte Normalverteilung

Die schraffierte Fläche Q mißt die Wahrscheinlichkeit, daß ein Wert t aus einer normalverteilten Grundgesamtheit kleiner oder gleich r ist (vgl. Abschnitt 4.1.)

$$A(r) = \frac{1}{\sqrt{2\pi}} \int_{-\infty}^{r} e^{-\frac{1}{2}t^2}\,dt$$

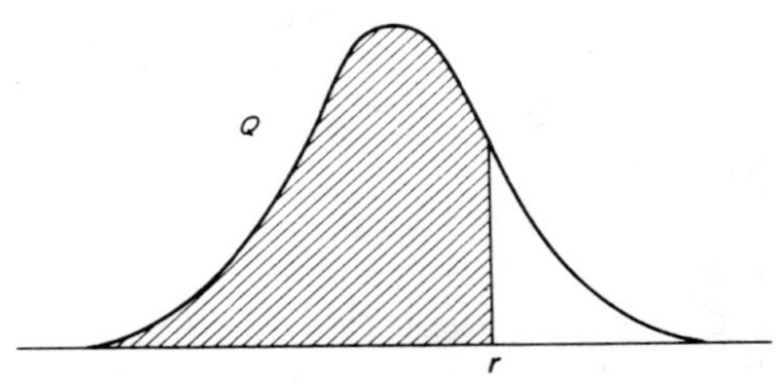

r	0	1	2	3	4	5	6	7	8	9
0,0	5000	5040	5080	5120	5160	5199	5239	5279	5319	5359
0,1	5398	5438	5478	5517	5557	5596	5636	5675	5714	5753
0,2	5793	5832	5871	5910	5948	5987	6026	6064	6103	6141
0,3	6179	6217	6255	6293	6331	6368	6406	6443	6480	6517
0,4	6554	6591	6628	6664	6700	6736	6772	6808	6844	6879
0,5	6915	6950	6985	7019	7054	7088	7123	7157	7190	7224
0,6	7257	7291	7324	7357	7389	7422	7454	7486	7517	7549
0,7	7580	7611	7642	7673	7704	7734	7764	7794	7823	7852
0,8	7881	7910	7939	7967	7995	8023	8051	8078	8106	8133
0,9	8159	8186	8212	8238	8264	8289	8315	8340	8365	8389
1,0	8413	8438	8461	8485	8508	8531	8554	8577	8599	8621
1,1	8643	8665	8686	8708	8729	8749	8770	8790	8810	8830
1,2	8849	8869	8888	8907	8925	8944	8962	8980	8997	9015
1,3	9032	9049	9066	9082	9099	9115	9131	9147	9162	9177
1,4	9192	9207	9222	9236	9251	9265	9279	9292	9306	9319
1,5	9332	9345	9357	9370	9382	9394	9406	9418	9429	9441
1,6	9452	9463	9474	9484	9495	9505	9515	9525	9535	9545
1,7	9554	9564	9573	9582	9591	9599	9608	9616	9625	9633
1,8	9641	9649	9656	9664	9671	9678	9686	9693	9699	9706
1,9	9713	9719	9726	9732	9738	9744	9750	9756	9761	9767
2,0	9772	9778	9783	9788	9793	9798	9803	9808	9812	9817
2,1	9821	9826	9830	9834	9838	9842	9846	9850	9854	9857
2,2	9861	9865	9868	9871	9875	9878	9881	9884	9887	9890
2,3	9893	9896	9898	9901	9904	9906	9909	9911	9913	9916
2,4	9918	9920	9922	9925	9927	9929	9931	9932	9934	9936
2,5	9938	9940	9941	9943	9945	9946	9948	9949	9951	9952
2,6	9953	9955	9956	9957	9959	9960	9961	9962	9963	9964
2,7	9965	9966	9967	9968	9969	9970	9971	9972	9973	9974
2,8	9974	9975	9976	9977	9977	9978	9979	9979	9980	9981
2,9	9981	9982	9982	9983	9984	9984	9985	9985	9986	9986
3,0	9987	9987	9987	9988	9988	9989	9989	9989	9990	9990
3,1	9990	9991	9991	9991	9992	9992	9992	9992	9993	9993
3,2	9993	9993	9994	9994	9994	9994	9994	9995	9995	9995
3,3	9995	9995	9995	9996	9996	9996	9996	9996	9996	9997
3,4	9997	9997	9997	9997	9997	9997	9997	9997	9997	9998

r	0,6745	1,6449	1,9600	2,5758	3,0902	3,2905	4,8916
$2\{1 - A(r)\}$	0,50	0,10	0,05	0,01	0,002	0,001	10^{-6}

Tafel A2: Studentsche t-Verteilung

Die schraffierte Fläche $Q = Q_1 + Q_2$ gibt die Wahrscheinlichkeit dafür, daß ein mit ν Freiheitsgraden berechneter Wert von $|t|$ größer als $|t_Q|$ ist, wenn beide Stichproben aus derselben Population stammen (s. Abschnitt 5.3.1.).

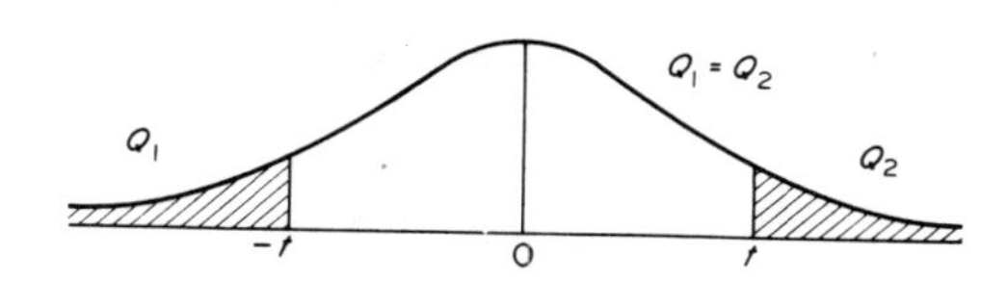

ν	Wahrscheinlichkeit einer numerischen Abweichung von mehr als t				
	0,1	0,05	0,01	0,002	0,001
1	6,314	12,71	63,66	318,3	636,6
2	2,920	4,303	9,925	22,33	31,60
3	2,353	3,182	5,841	10,22	12,94
4	2,132	2,776	4,604	7,173	8,610
5	2,015	2,571	4,032	5,893	6,859
6	1,943	2,447	3,707	5,208	5,959
7	1,895	2,365	3,499	4,785	5,405
8	1,860	2,306	3,355	4,501	5,041
9	1,833	2,262	3,250	4,297	4,781
10	1,812	2,228	3,169	4,144	4,587
11	1,796	2,201	3,106	4,025	4,437
12	1,782	2,179	3,055	3,930	4,318
13	1,771	2,160	3,012	3,852	4,221
14	1,761	2,145	2,977	3,787	4,140
15	1,753	2,131	2,947	3,733	4,073
16	1,746	2,120	2,921	3,686	4,015
17	1,740	2,110	2,898	3,646	3,965
18	1,734	2,101	2,878	3,611	3,922
19	1,729	2,093	2,861	3,579	3,883
20	1,725	2,086	2,845	3,552	3,850
21	1,721	2,080	2,831	3,527	3,819
22	1,717	2,074	2,819	3,505	3,792
23	1,714	2,069	2,807	3,485	3,767
24	1,711	2,064	2,797	3,467	3,745
25	1,708	2,060	2,787	3,450	3,725
26	1,706	2,056	2,779	3,435	3,707
27	1,703	2,052	2,771	3,421	3,690
28	1,701	2,048	2,763	3,408	3,674
29	1,699	2,045	2,756	3,396	3,659
30	1,697	2,042	2,750	3,385	3,646
40	1,684	2,021	2,704	3,307	3,551
60	1,671	2,000	2,660	3,232	3,460
120	1,658	1,980	2,617	3,163	3,373
∞	1,645	1,960	2,576	3,090	3,291

Tafel A3: Fischersche F-Verteilung

Die Fläche Q mißt die Wahrscheinlichkeit, daß ein für ν_1 und ν_2 Freiheitsgrade berechneter F-Wert ($F > 1$) außerhalb von F_Q liegt, wenn beide Stichproben derselben Grundgesamtheit entnommen sind.

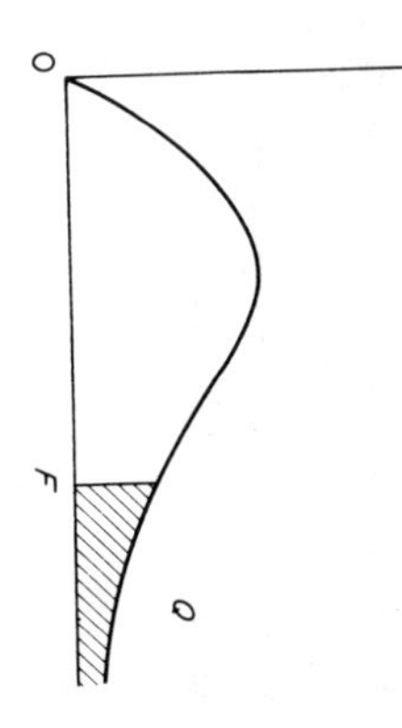

Tafel A3

Wahrscheinlichkeit F zu überschreiten	ν_2 \ ν_1	1	2	3	4	5	6	7	8	10	12	24	∞
0,05	1	161	200	216	225	230	234	237	239	242	244	249	254
0,025	1	648	800	864	900	922	937	948	957	969	977	997	1018
0,01	1	4052	5000	5403	5625	5764	5859	5928	5981	6056	6106	6235	6366
0,05	2	18,5	19,0	19,2	19,3	19,4	19,4	19,4	19,4	19,4	19,4	19,5	19,5
0,025	2	38,5	39,0	39,2	39,2	39,3	39,3	39,4	39,4	39,4	39,4	39,5	39,5
0,01	2	98,5	99,0	99,2	99,2	99,3	99,3	99,4	99,4	99,4	99,4	99,5	99,5
0,05	3	10,13	9,55	9,28	9,12	9,01	8,94	8,89	8,85	8,79	8,74	8,64	8,53
0,025	3	17,4	16,0	15,4	15,1	14,9	14,7	14,6	14,5	14,4	14,3	14,1	13,9
0,01	3	34,1	30,8	29,5	28,7	28,2	27,9	27,7	27,5	27,2	27,1	26,6	26,1
0,05	4	7,71	6,94	6,59	6,39	6,26	6,16	6,09	6,04	5,96	5,91	5,77	5,63
0,025	4	12,22	10,65	9,98	9,60	9,36	9,20	9,07	8,98	8,84	8,75	8,51	8,26
0,01	4	21,2	18,0	16,7	16,0	15,5	15,2	15,0	14,8	14,5	14,4	13,9	13,5
0,05	5	6,61	5,79	5,41	5,19	5,05	4,95	4,88	4,82	4,74	4,68	4,53	4,36
0,025	5	10,01	8,43	7,76	7,39	7,15	6,98	6,85	6,76	6,62	6,52	6,28	6,02
0,01	5	16,26	13,27	12,06	11,39	10,97	10,67	10,46	10,29	10,05	9,89	9,47	9,02
0,05	6	5,99	5,14	4,75	4,53	4,39	4,28	4,21	4,15	4,06	4,00	3,84	3,67
0,025	6	8,81	7,26	6,60	6,23	5,99	5,82	5,70	5,60	5,46	5,37	5,12	4,85
0,01	6	13,74	10,92	9,78	9,15	8,75	8,47	8,26	8,10	7,87	7,72	7,31	6,88
0,05	7	5,59	4,74	4,35	4,12	3,97	3,87	3,79	3,73	3,64	3,57	3,41	3,23
0,025	7	8,07	6,54	5,89	5,52	5,29	5,12	4,99	4,90	4,76	4,67	4,42	4,14
0,01	7	12,25	9,55	8,45	7,85	7,46	7,19	6,99	6,84	6,62	6,47	6,07	5,65
0,05	8	5,32	4,46	4,07	3,84	3,69	3,58	3,50	3,44	3,35	3,28	3,12	2,93
0,025	8	7,57	6,06	5,42	5,05	4,82	4,65	4,53	4,43	4,30	4,20	3,95	3,67
0,01	8	11,26	8,65	7,59	7,01	6,63	6,37	6,18	6,03	5,81	5,67	5,28	4,86
0,05	9	5,12	4,26	3,86	3,63	3,48	3,37	3,29	3,23	3,14	3,07	2,90	2,71
0,025	9	7,21	5,71	5,08	4,72	4,48	4,32	4,20	4,10	3,96	3,87	3,61	3,33
0,01	9	10,56	8,02	6,99	6,42	6,06	5,80	5,61	5,47	5,26	5,11	4,73	4,31
0,05	10	4,96	4,10	3,71	3,48	3,33	3,22	3,14	3,07	2,98	2,91	2,74	2,54
0,025	10	6,94	5,46	4,83	4,47	4,24	4,07	3,95	3,85	3,72	3,62	3,37	3,08
0,01	10	10,04	7,56	6,55	5,99	5,64	5,39	5,20	5,06	4,85	4,71	4,33	3,91
0,05	11	4,84	3,98	3,59	3,36	3,20	3,09	3,01	2,95	2,85	2,79	2,61	2,40
0,025	11	6,72	5,26	4,63	4,28	4,04	3,88	3,76	3,66	3,53	3,43	3,17	2,88
0,01	11	9,65	7,21	6,22	5,67	5,32	5,07	4,89	4,74	4,54	4,40	4,02	3,60
0,05	12	4,75	3,89	3,49	3,26	3,11	3,00	2,91	2,85	2,75	2,69	2,51	2,30
0,025	12	6,55	5,10	4,47	4,12	3,89	3,73	3,61	3,51	3,37	3,28	3,02	2,72
0,01	12	9,33	6,93	5,95	5,41	5,06	4,82	4,64	4,50	4,30	4,16	3,78	3,36

0,05	14	4,60	3,74	3,34	3,11	2,96	2,85	2,76	2,70	2,60	2,53	2,35	2,13
0,025		6,30	4,86	4,24	3,89	3,66	3,50	3,38	3,29	3,15	3,05	2,79	2,49
0,01		8,86	6,51	5,56	5,04	4,70	4,46	4,28	4,14	3,94	3,80	3,43	3,00
0,05	16	4,49	3,63	3,24	3,01	2,85	2,74	2,66	2,59	2,49	2,42	2,24	2,01
0,025		6,12	4,69	4,08	3,73	3,50	3,34	3,22	3,12	2,99	2,89	2,63	2,32
0,01		8,53	6,23	5,29	4,77	4,44	4,20	4,03	3,89	3,69	3,55	3,18	2,75
0,05	18	4,41	3,55	3,16	2,93	2,77	2,66	2,58	2,51	2,41	2,34	2,15	1,92
0,025		5,98	4,56	3,95	3,61	3,38	3,22	3,10	3,01	2,87	2,77	2,50	2,19
0,01		8,29	6,01	5,09	4,58	4,25	4,01	3,84	3,71	3,51	3,37	3,00	2,57
0,05	20	4,35	3,49	3,10	2,87	2,71	2,60	2,51	2,45	2,35	2,28	2,08	1,84
0,025		5,87	4,46	3,86	3,51	3,29	3,13	3,01	2,91	2,77	2,68	2,41	2,02
0,01		8,10	5,85	4,94	4,43	4,10	3,87	3,70	3,56	3,37	3,23	2,86	2,49
0,05	24	4,26	3,40	3,01	2,78	2,62	2,51	2,42	2,36	2,25	2,18	1,98	1,73
0,025		5,72	4,32	3,72	3,38	3,15	2,99	2,87	2,78	2,64	2,54	2,27	1,94
0,01		7,82	5,61	4,72	4,22	3,90	3,67	3,50	3,36	3,17	3,03	2,66	2,21
0,05	28	4,20	3,34	2,95	2,71	2,56	2,45	2,36	2,29	2,19	2,12	1,91	1,65
0,025		5,61	4,22	3,63	3,29	3,06	2,90	2,78	2,69	2,55	2,45	2,17	1,83
0,01		7,64	5,45	4,57	4,07	3,75	3,53	3,36	3,23	3,03	2,90	2,52	2,06
0,05	32	4,15	3,29	2,90	2,67	2,51	2,40	2,31	2,24	2,14	2,07	1,86	1,59
0,025		5,53	4,15	3,56	3,22	3,00	2,84	2,72	2,62	2,48	2,38	2,10	1,75
0,01		7,50	5,34	4,46	3,97	3,65	3,43	3,26	3,13	2,93	2,80	2,42	1,96
0,05	36	4,11	3,26	2,87	2,63	2,48	2,36	2,28	2,21	2,11	2,03	1,82	1,55
0,025		5,47	4,09	3,51	3,17	2,94	2,79	2,66	2,57	2,43	2,33	2,05	1,69
0,01		7,40	5,25	4,38	3,89	3,58	3,35	3,18	3,05	2,86	2,72	2,35	1,87
0,05	40	4,08	3,23	2,84	2,61	2,45	2,34	2,25	2,18	2,08	2,00	1,79	1,51
0,025		5,42	4,05	3,46	3,13	2,90	2,74	2,62	2,53	2,39	2,29	2,01	1,64
0,01		7,31	5,18	4,31	3,83	3,51	3,29	3,12	2,99	2,80	2,66	2,29	1,80
0,05	60	4,00	3,15	2,76	2,53	2,37	2,25	2,17	2,10	1,99	1,92	1,70	1,39
0,025		5,29	3,93	3,34	3,01	2,79	2,63	2,51	2,41	2,27	2,17	1,88	1,48
0,01		7,08	4,98	4,13	3,65	3,34	3,12	2,95	2,82	2,63	2,50	2,12	1,60
0,05	120	3,92	3,07	2,68	2,45	2,29	2,18	2,09	2,02	1,91	1,83	1,61	1,25
0,025		5,15	3,80	3,23	2,89	2,67	2,52	2,39	2,30	2,16	2,05	1,76	1,31
0,01		6,85	4,79	3,95	3,48	3,17	2,96	2,79	2,66	2,47	2,34	1,95	1,38
0,05	∞	3,84	3,00	2,60	2,37	2,21	2,10	2,01	1,94	1,83	1,75	1,52	1,00
0,025		5,02	3,69	3,12	2,79	2,57	2,41	2,29	2,19	2,05	1,94	1,64	1,00
0,01		6,63	4,61	3,78	3,32	3,02	2,80	2,64	2,51	2,32	2,18	1,79	1,00

Tafel A4: Korrelationskoeffizienten

Die schraffierte Fläche $Q = Q_1 + Q_2$ entspricht der Wahrscheinlichkeit, daß ein mit ν Freiheitsgraden berechneter Wert von $|r|$ für vollständig unkorrelierte Daten größer als $|r_Q|$ ist (vgl. Abschnitt 6.2.3.).

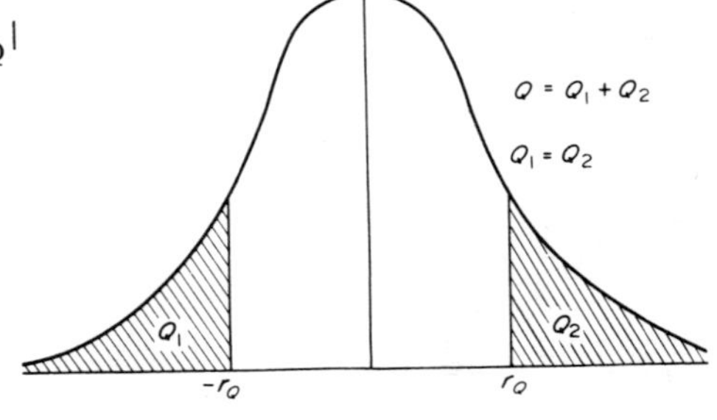

ν	Wahrscheinlichkeit für einen größeren Wert als r		
	0,1	0,05	0,01
1	0,98769	0,99692	0,999877
2	0,90000	0,95000	0,990000
3	0,8054	0,8783	0,95873
4	0,7293	0,8114	0,91720
5	0,6694	0,7545	0,8545
6	0,6215	0,7067	0,8343
7	0,5822	0,6664	0,7977
8	0,5494	0,6319	0,7646
9	0,5214	0,6021	0,7348
10	0,4973	0,5760	0,7079
11	0,4762	0,5529	0,6835
12	0,4575	0,5324	0,6614
13	0,4409	0,5139	0,6411
14	0,4259	0,4973	0,6226
15	0,4124	0,4821	0,6055
16	0,4000	0,4683	0,5897
17	0,3887	0,4555	0,5751
18	0,3783	0,4438	0,5614
19	0,3687	0,4329	0,5487
20	0,3598	0,4227	0,5368
25	0,3233	0,3809	0,4869
30	0,2960	0,3494	0,4487
35	0,2746	0,3246	0,4182
40	0,2573	0,3044	0,3932
45	0,2428	0,2875	0,3721
50	0,2306	0,2732	0,3541
60	0,2108	0,2500	0,3248
70	0,1954	0,2319	0,3017
80	0,1829	0,2172	0,2830
90	0,1726	0,2050	0,2673
100	0,1638	0,1946	0,2540

Tafel A5: Chiquadrat-Verteilung

Die Fläche Q mißt die Wahrscheinlichkeit, daß ein mit ν Freiheitsgraden berechneter Wert von χ^2 größer als χ_Q^2 ist, wenn die beobachteten und die theoretischen Werte dieselbe Verteilung besitzen (s. Abschnitt 9.3.).

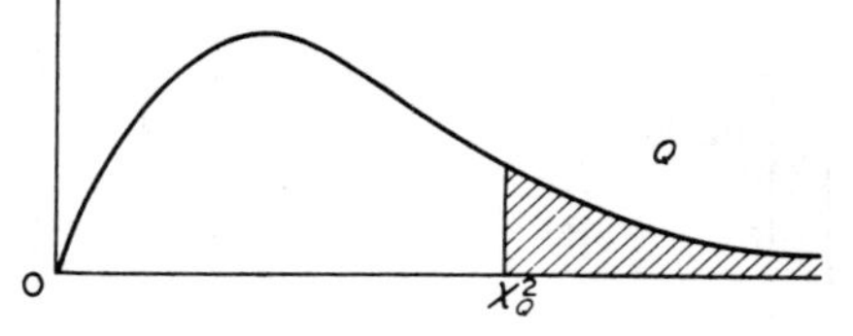

ν	Wahrscheinlichkeit einer Abweichung von mehr als χ^2					
	0,99	0,975	0,95	0,05	0,025	0,01
1	0,000157	0,000982	0,00393	3,84	5,02	6,63
2	0,0201	0,0506	0,103	5,99	7,38	9,21
3	0,115	0,216	0,352	7,81	9,35	11,34
4	0,297	0,484	0,711	9,49	11,14	13,28
5	0,554	0,831	1,15	11,07	12,83	15,09
6	0,872	1,24	1,64	12,59	14,45	16,81
7	1,24	1,69	2,17	14,07	16,01	18,48
8	1,65	2,18	2,73	15,51	17,53	20,09
9	2,09	2,70	3,33	16,92	19,02	21,67
10	2,56	3,25	3,94	18,31	20,48	23,21
11	3,05	3,82	4,57	19,68	21,92	24,73
12	3,57	4,40	5,23	21,03	23,34	26,22
13	4,11	5,01	5,89	22,36	24,74	27,69
14	4,66	5,63	6,57	23,68	26,12	29,14
15	5,23	6,26	7,26	25,00	27,49	30,58
16	5,81	6,91	7,96	26,30	28,85	32,00
17	6,41	7,56	8,67	27,59	30,19	33,41
18	7,01	8,23	9,39	28,87	31,53	34,81
19	7,63	8,91	10,12	30,14	32,85	36,19
20	8,26	9,59	10,85	31,41	34,17	37,57
21	8,90	10,28	11,59	32,67	35,48	38,93
22	9,54	10,98	12,34	33,92	36,78	40,29
23	10,20	11,69	13,09	35,17	38,08	41,64
24	10,86	12,40	13,85	36,42	39,36	42,98
25	11,52	13,12	14,61	37,65	40,65	44,31
26	12,20	13,84	15,38	38,89	41,92	45,64
27	12,88	14,57	16,15	40,11	43,19	46,96
28	13,56	15,31	16,93	41,34	44,46	48,28
29	14,26	16,05	17,71	42,56	45,72	49,59
30	14,95	16,79	18,49	43,77	46,98	50,89
40	22,16	24,43	26,51	55,76	59,34	63,69
50	29,71	32,36	34,76	67,50	71,42	76,15
60	37,48	40,48	43,19	79,08	83,30	88,38
70	45,44	48,76	51,74	90,53	95,02	100,4
80	53,54	57,15	60,39	101,9	106,6	112,3
90	61,75	65,65	69,13	113,1	118,1	124,1
100	70,06	74,22	77,93	124,3	129,6	135,8

Für große Werte von ν, ist $\sqrt{2\,\chi^2}$ annähernd normal verteilt mit dem Mittelwert $\sqrt{2\nu-1}$ und der Varianz 1.

Tafel A6: Mediale, 5-%- und 95-%-Ränge für Stichproben bis zu 10 Elementen

j*	Stichprobenumfang n									
	1	2	3	4	5	6	7	8	9	10
1	0,5000	0,2929	0,2063	0,1591	0,1294	0,1091	0,0943	0,0830	0,0741	0,0670
2		0,7071	0,5000	0,3864	0,3147	0,2655	0,2295	0,2021	0,1806	0,1632
3			0,7937	0,6136	0,5000	0,4218	0,3648	0,3213	0,2871	0,2594
4				0,8409	0,6853	0,5782	0,5000	0,4404	0,3935	0,3557
5					0,8706	0,7345	0,6352	0,5596	0,5000	0,4519
6						0,8909	0,7705	0,6787	0,6065	0,5481
7							0,9057	0,7979	0,7129	0,6443
8								0,9170	0,8194	0,7406
9									0,9259	0,8368
10										0,9330

Mediale Ränge

j*	Stichprobenumfang n									
	1	2	3	4	5	6	7	8	9	10
1	0,0500	0,0253	0,0170	0,0127	0,0102	0,0085	0,0074	0,0065	0,0057	0,0051
2		0,2236	0,1354	0,0976	0,0764	0,0629	0,0534	0,0468	0,0410	0,0368
3			0,3684	0,2486	0,1893	0,1532	0,1287	0,1111	0,0978	0,0873
4				0,4729	0,3426	0,2713	0,2253	0,1929	0,1688	0,1500
5					0,5493	0,4182	0,3413	0,2892	0,2514	0,2224
6						0,6070	0,4793	0,4003	0,3449	0,3035
7							0,6518	0,5293	0,4504	0,3934
8								0,6877	0,5709	0,4931
9									0,7169	0,6058
10										0,7411

5-%-Ränge

j*	Stichprobenumfang n									
	1	2	3	4	5	6	7	8	9	10
1	0,9500	0,7764	0,6316	0,5271	0,4507	0,3930	0,3482	0,3123	0,2831	0,2589
2		0,9747	0,8646	0,7514	0,6574	0,5818	0,5207	0,4707	0,4291	0,3942
3			0,9830	0,9024	0,8107	0,7287	0,6587	0,5997	0,5496	0,5069
4				0,9873	0,9236	0,8468	0,7747	0,7108	0,6551	0,6076
5					0,9898	0,9371	0,8713	0,8071	0,7436	0,6965
6						0,9915	0,9466	0,8889	0,8312	0,7776
7							0,9926	0,9532	0,9032	0,8500
8								0,9935	0,9590	0,9127
9									0,9943	0,9632
10										0,9949

95-%-Ränge

Sachwortverzeichnis